U0224858

顾　　问：梁建军　　赵荣光　　胡忠英

主　　编：戴　宁

编　　委：王仁孝　丁灶土　刘国铭　张　焱　周鸿承
　　　　　　吴　昊

菜点制作：王仁孝　丁灶土　刘国铭　胡　峰　盛钟飞
　　　　　　向满意　张　永　汤　亮　王永刚

摄　　影：李　江

廿四

节令菜点

NIANSI JIELING CAIDIAN

主编◎戴 宁

浙江人民出版社

图书在版编目(CIP)数据

廿四节令菜点/戴宁主编.—杭州：浙江人民出版社,2013.6

ISBN 978-7-213-05121-0

Ⅰ.①廿… Ⅱ.①戴… Ⅲ.①菜谱—杭州市②面点—食谱—杭州市 Ⅳ.①TS972.182.551

中国版本图书馆 CIP 数据核字(2012)第 225533 号

书　　名	**廿四节令菜点**
作　　者	戴　宁　主编
出版发行	浙江人民出版社
	杭州市体育场路 347 号
	市场部电话：(0571)85061682　85176516
责任编辑	王福群
责任校对	叶　宇
封面设计	厉　琳　王　芸
电脑制版	杭州大漠照排印刷有限公司
印　　刷	浙江海虹彩色印务有限公司
开　　本	787×1092 毫米　1/16
印　　张	14.25
字　　数	21.8 万
插　　页	2
版　　次	2013 年 6 月第 1 版·第 1 次印刷
书　　号	**ISBN 978-7-213-05121-0**
定　　价	36.00 元

如发现印装质量问题,影响阅读,本社负责调换。

Contents 目录

Contents

目录

• 清明篇 •

• 谷雨篇 •

Contents

目录

Contents

• 小暑篇 •

• 大暑篇 •

目录

Contents

目录

• 寒露篇 •

九月团脐十月尖，寒露争吃大闸蟹

• 霜降篇 •

霜降秋鲈肥，金齑玉脍神仙味

Contents

目录

• 大雪篇 •

大雪纷纷羊汤浓,驱寒保暖护一冬

• 冬至篇 •

冬至狗肉滚三滚,神仙闻了站不稳

Contents

目录

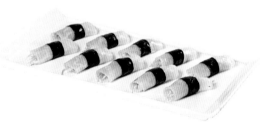

前言

　　二十四节气是华夏先民在生产实践中总结出来的一套相对完整的气象历法，从秦汉至今已经沿用了2000多年，是中华民族珍贵的科学遗产，是反映天气气候和物候变化、掌握农事季节的工具。

　　中国作为世界上最早的农耕文明国家，气象条件对农业生产起着十分重要的作用。二十四节气是一套科学的历法系统，既有反映季节的"四时八节"立春、春分、立夏、夏至、立秋、秋分、立冬、冬至，又有反映气温变化的小暑、大暑、处暑、小寒、大寒，还有反映天气现象的雨水、谷雨、白露、寒露、霜降、小雪、大雪，更有反映物候现象的惊蛰、清明、小满、芒种，全面表述了全年的气候和物候特征及其变化规律，为我国大部分地区的农业生产提供了可靠的指导依据。

　　气候的变化、季节的更替与人们的生活息息相关，二十四节气因此也浸润着人们的生活，形成了中华民族特有的节令文化。节令也可称为"节气时

令"。在我国各地流传着许多与节气节令相关的习俗,如新春"贴春联"、"咬春",端午"吃粽子",立夏"尝新",立秋"贴秋膘",中秋"吃月饼",重阳"登高",腊八"喝腊八粥",等等。不同的节气配合一些特定的庆贺形式,人们组织和参与特定的仪式,制作和食用特定的食品,也早已成为农耕民族生活习俗、社会文化的一个重要构成。同样,节令食品的制作和食用,也成为中华民族传统文化的一个组成部分。由于中国地大物博,各地的民俗差异较大,长期以来,我国的长江中下游地区就形成了有别于黄河流域的独有的民俗文化和饮食文化,体现在节令食品上,地域性就更为显著。如杭州一带有惊蛰"食撑腰糕"、清明"吃青团"、立夏"吃乌米饭"、重阳节"吃重阳糕"、立冬"饮菊花茶"、小雪"腌冬腌菜"、冬至"吃冬至团"等习俗。而杭帮菜的显著特征之一就是"适应时令",讲究"不时不食"、"适时而食"。所谓的"不时不食"、"适时而食",讲的就是什么季节时令做什么菜、吃什么。

虽然,菜肴的时令性是杭帮菜的特点,然而我们却没有进行深入研究和系统总结开发。如今,随着中国社会的农耕技术的发展和工业、服务业的进步,气候对人

们生活的影响或许已没有那么强烈，城市里人们对于季节和天气变化与农耕的关系越来越陌生，除了一些主要的带有传统节日色彩的节令之外，二十四节气中的多数于大众生活变得疏离。这是工业化、信息化时代下中国传统的一种失落。正是这种失落，显示出二十四节令饮食文化有着更深远的内涵。

此番我们从二十四节令菜点研究开发入手，系统总结杭帮菜的时令菜点的特色，就是为了弘扬传统文化的精髓，传承老祖宗的饮食文化遗产，同时也是为让更多的节令食品走进千家万户而服务。这是一件很有前瞻性的工作，有历史意义和现实意义的事情。

QIAN YAN

1 立春篇

立春吃芹，日日来劲

立春：2月3—5日　东风解冻、蛰虫始振、鱼上冰

立春是一年中的第一个节气，也是春季的开始。这时候冰封多时的大地开始解冻，气温回暖，蛰伏的虫类慢慢苏醒，河里的坚冰渐渐融化，鱼儿在浮冰间欢快地游动着，呈现出一派春回大地的景象。"律回岁晚冰霜少，春到人间草木知"，形象地反映出立春时节的自然特色。

 节令菜肴：三丝炒水芹、清炖狮子头、金银萝卜

　　立春时节万物复苏、生机勃勃，杭州有句老话"立春吃芹，日日来劲"，就是因为芹菜有"升发"之意，这个时候的水芹最嫩、最适合食用，所以我们选用三丝炒水芹作为当令的主打菜肴。春季重护肝，凉拌萝卜营养丰富，萝卜中的维生素C有护肝功能，适宜在此节令食用。这时，民间还有舞狮习俗，我们不妨做道清炖狮子头，于唇齿间"与狮共舞"，共映吉祥。

小贴士

水芹加少许白醋拌一下,不但能增加口感,还能去除涩味。

三丝炒水芹
SANSICHAOSHUIQIN

原料： 水芹菜300克、豆干50克、笋30克、里脊肉50克、精盐3克、味精1.5克、湿淀粉10毫升、绍酒10毫升、熟猪油50毫升。

制法： 1. 选用立春时较嫩的水芹，洗净，切成5厘米长的段。里脊肉、笋、豆干切成相同粗细的丝，并把切成丝的里脊肉加盐、湿淀粉上薄浆。

2. 锅置中火上，下猪油，至油温125℃时，把里脊肉划炒散后，放笋丝、豆干略炒，下水芹菜，旺火炒至七成熟，加盐、味精调味，淋上薄芡，出锅装盘。

特点： 水芹菜清香爽口，质感脆嫩，营养丰富。

清炖狮子头
QINGDUNSHIZITOU

原料：猪五花肋肉600克、荸荠末100克、姜末20克、葱白末20克、盐10克、味精10克、加饭酒20毫升、胡椒粉5克、淀粉10克。

制法：1. 将五花肉去皮切碎，用刀背排剁成末，加入荸荠末、姜末、葱白末、盐、加饭酒、味精、胡椒粉，搅拌甩打上劲，加入淀粉拌匀。

2. 取大砂锅1只，加半锅清水，将调好的肉馅制成大丸子入锅，大火烧开后转小火炖约1小时，即成。

特点：香滑软嫩，清淡适口。

金银萝卜
JINYINLUOBO

原料：白萝卜500克、糖桂花12克、食盐200克、米醋65毫升、白醋50毫升、绵白糖90克、
酱油30毫升、干辣椒10克。

制法：1. 白萝卜改刀成片。

2. 白萝卜片加入食盐腌制，8—12小时后取出，沥干水分，用清水把盐分冲淡
（略带底味）。取一半萝卜加入绵白糖、白醋、米醋拌匀，腌制8—12小时；另一
半萝卜加入酱油、糖桂花、米醋、干辣椒拌匀，腌制8—12小时，即可食用。

特点：造型美观大方，入口清新爽脆。

用食盐腌制萝卜时要腌透，否则萝卜会有辛辣味。

节令点心：莲心欢喜团、枣糕

立春一般在农历春节前后，北方有立春"咬春"吃春饼的习俗。而南方，尤其是江浙一带则在春节时食用糯米团子，名为"欢喜团"，取欢欢喜喜、团团圆圆之意。有诗云："欢喜米团寓吉祥，聚族献于圣神尝。感谢庇佑大丰年，报本祈福喜洋洋。"

莲心欢喜团
LIANXINHUANXITUAN

原料： 糯米500克、莲子100克、白糖250克、熟猪油50毫升。

制法： 1. 将糯米淘净浸涨，上笼用大气蒸约50分钟，出笼倒入盆内，加入白糖（200克）、熟猪油拌匀。

2. 莲子洗净后盛入碗内，加入清水蒸至酥熟，锅内加少许清水，倒入50克白糖，熬至溶化后，再放入蒸熟的莲子，糖汁收干后盛入盘内备用。

3. 拌匀的糯米饭盛一半放到淇淋夹中，中间放入糖莲子，上面再盖一层糯米饭，用手掌压平，倒出装在盘内，上蒸汽箱蒸2分钟即可。

特点： 口感糯劲，米香浓郁，莲子酥甜。

枣　糕
ZAOGAO

原料： 低筋面粉250克、干酵母8克、绵白糖100克、熟西瓜子肉10克、青梅少量、熟冻猪油50克、发酵粉8克、小红枣150克、清水250毫升。

制法： 1. 小红枣洗净，去核，盛入碗内，加清水，放蒸箱蒸15分钟取出，沥干水分。西瓜子放入烤箱烤熟。

2. 面粉放入筛子，筛入盆内。干酵母、绵白糖盛入碗内，加清水搅至溶化，倒入粉内，搅拌均匀，加酵母粉搅匀，再加猪油，搅均匀备用。

3. 纸杯放进蒸笼，用小勺把糊浆盛入纸杯，至八分满，上面摆上红枣、西瓜子仁、青梅末。

4. 按气候掌握醒发，然后上蒸汽蒸10分钟即可取出。

特点： 色洁光亮，香甜绵软。

饮食养生

"万物复苏，养阳护肝。"据《黄帝内经·素问》："春三月，此谓发陈，天地俱生，万物以荣。"这一时期要多吃一些可以补充阳气的食物，以升发体内阳气，气虚症者更应如此。此时可适当多吃韭菜、芹菜、香菜、大枣、花生、柑橘、蜂蜜等甘辛食物，而酸、涩、生冷、油腻之物应少食。红枣、薏米补气养血，也适合春天食用。

2

［雨水复雨水，韭芽鸡丝烩］

雨 水 篇

雨水：2月18—20日 獭祭鱼、鸿雁来、草木萌动

　　随着雨水节气的到来，寒冷的天气渐渐远去，冰雪融化，和煦的春风伴着潇潇细雨正向我们走来。这时，水獭开始捕鱼了，大雁也从南方归来，草木在连绵不断的春雨中悄悄吐露嫩芽，好一派生机勃勃的景象。杜甫的"好雨知时节，当春乃发生。随风潜入夜，润物细无声"，正是雨水节气的真实写照。

 节令菜肴：韭芽鸡丝、西湖醋鱼、山药素烧鹅

　　"雨水复雨水，韭芽鸡丝烩。"白嫩的鸡丝配以雨水时节最鲜嫩的韭芽，清淡爽口，鲜香滋润。此菜宜脾胃，也适应雨水节令调养脾胃的养生需要，成为这个节令的代表菜肴。同样的，西湖醋鱼、山药素烧鹅都有健脾开胃的功效，是比较适合雨水时节食用的菜肴。

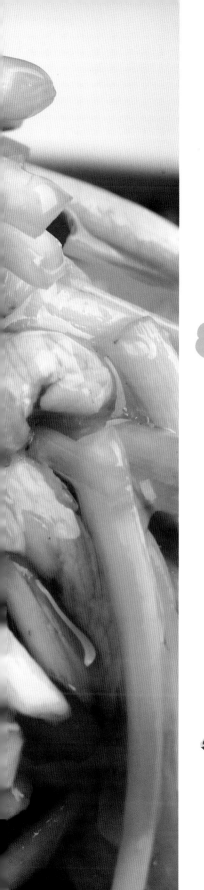

韭芽鸡丝
JIUYAJISI

原料：生鸡脯肉150克、韭芽150克、熟火腿丝5克、湿淀粉15毫升、蛋清1个、精盐2克、味精2克、色拉油500毫升、绍酒10毫升。

制法：1. 鸡脯肉批薄片，切成丝，加绍酒5毫升、精盐1克和蛋清捏上劲，放入湿淀粉捏匀上浆，韭芽切段，洗净待用。

2. 炒锅旺火烧热，下色拉油，至油温75℃时，把鸡丝入锅划散，呈白玉色时倒入漏勺。锅内留油15毫升，将韭菜倒入锅内，略煸炒即加绍酒（5毫升）、精盐（1克）、味精，倒入鸡丝，迅速炒匀，淋上香油，起锅装盘，撒上火腿丝。

特点：色泽白净，鸡丝鲜嫩，韭芽爽口。

小贴士

鸡丝上浆后，加少量色拉油拌捏一下，炒制时容易滑开。

西湖醋鱼
XIHUCUYU

原料： 草鱼1条(约重700克)、白糖60克、酱油75毫升、醋50毫升、绍酒25毫升、湿淀粉50毫升、姜末2.5克、胡椒粉适量。

制法： 1. 将鱼饿养1—2天,促其排泄尽草料及泥土味,使鱼肉结实。烹制前宰杀去鳞、鳃、内脏,洗净。

2. 将鱼身从尾部入刀,剖劈成雌雄两爿(连脊髓骨的为雄爿,另一边为雌爿),斩去鱼牙。在鱼的雄爿上,以离鳃盖瓣4.5厘米处开始,每隔4.5厘米左右斜批一刀(刀深约5.5厘米,刀口斜向头部,刀距及深度要均匀),共批5刀。在批第三刀时,在腰鳍后0.5厘米处切断,使鱼成两段,以便烧煮。在雌爿剖面脊部厚肉处向腹部斜剞一长刀(深约4/5),不要损伤鱼皮。

3. 锅内放清水1000毫升,用旺火烧沸,先放雄爿前半段,再将鱼尾段盖接在上面,然后将雌爿并放,鱼头对齐,鱼皮朝上(水不能淹没鱼头,使鱼的两根胸鳍翘起),盖上锅盖,待锅水再沸时,启盖,撇去浮沫,转动炒锅,继续用旺火烧煮约3分钟,用筷子轻轻地扎鱼的雄爿颌下部,如能扎入即熟。锅内留下250毫升左右的汤水(余汤撇去),放入酱油、绍酒、姜末,即将鱼捞出,放入盘中。装盘时将鱼皮朝上,把鱼的两爿背脊拼连,鱼尾段与雄爿拼接,并沥去汤水。

4. 锅内原汤汁中,加入白糖、醋和湿淀粉调匀的芡汁,用手勺推搅成浓汁(应离火推搅,不能久滚,切忌加油,滚沸起泡,立即起锅),浇遍鱼全身即成。

特点： 色泽红亮,酸甜适宜,鱼肉结实,鲜美滑嫩,有蟹肉滋味,是杭州传统风味名菜。

山药素烧鹅
SHANYAOSUSHAOE

原料：豆腐皮30张、山药200克、芝麻油10毫升、酱油25毫升、味精2克、熟菜油750毫升。

制法：1. 将味精放入碗内，加热水200毫升、酱油25毫升，调成汤汁。豆腐皮用湿毛巾润潮后，撕去边筋。

2. 取豆腐皮6张，山药去皮拍裂包进豆腐皮里，将弧形的一段互相重叠，1/3平摊在砧板上铺底，然后将余下的腐皮横向对折，在汤汁中浸软后，逐一放铺底腐皮下端，再将撕下的边筋放汤汁中浸软，平铺在对折的豆腐皮上面，最后自下向上折两折，上笼用旺火蒸3分钟，取出冷却。

3. 将炒锅置旺火上烧热，下菜油，至油温100℃时，放入腐皮，煎炸至两面均呈金黄色时捞出，抹上芝麻油即成。食时切成小条块装盘。

特点：色泽黄亮，鲜甜香酥，老幼皆宜。

节令点心：圆子油馓、四色馒头

"唐人油画爱明珠,澄粉裹馅味绝殊。涎水不禁颜夫子,知味观前脚立柱。"
诗中所写的小点心就是圆子油馓,是古时杭州人上元节用来祭祀祖先的一种节
令食品,后来演变为雨水时节的一道常用点心。

圆子油馓
YUANZIYOUDUI

原料：糯米粉400克、澄粉50克、抹茶粉15克、白糖150克、熟猪油75毫升、核桃仁100
克、芝麻100克、桂花干2克、面粉50克。

制法：1. 澄粉和抹茶粉盛入盆内,加入白糖(25克)、熟猪油(25毫升),用沸水烫熟。
糯米粉倒在案板上,中间扒个窝,加入清水,搅拌均匀,再加入烫熟的澄面,
一起揉至光滑粉团,备用。

2. 核桃仁放入烤盘,进烤箱烤熟,去皮;芝麻淘洗干净,入烤箱烤熟或炒熟,
都倒入案板上,用擀面杖擀成末,加入白糖(125克),拌匀。面粉用蒸笼蒸15
分钟,拿出过筛,加入熟猪油(50毫升),拌成馅心。

3. 拿一个粉剂捏成碗
形,包入馅心,收口捏
紧搓圆,放入蒸笼内
蒸7分钟后,滚上面包
糠,放入油锅炸至金
黄色,保持圆球形。

特点：色呈金黄,外脆内香,
茶香清幽。

四色馒头
SISEMANTOU

原料： 心里美萝卜500克、胡萝卜500克、菠菜500克、面粉500克、老面150克、可可粉5克、细沙50克、莲蓉50克、枣泥50克、木瓜馅50克、碱水5毫升。

制法： 1. 将心里美萝卜、胡萝卜、菠菜榨汁待用。

2. 面粉加入老面、碱水，和成发酵面团。

3. 将面团分成4份，分别加入心里美萝卜汁、胡萝卜汁、菠菜汁、可可粉，染成4种颜色的面团。

4. 将不同颜色面团搓条下剂，分别包入细沙馅、莲蓉馅、枣泥馅、木瓜馅，收口向下，成光头包生坯，稍饧。

5. 将饧发后的生坯上蒸笼，大火蒸熟即成。

特点： 色泽鲜艳，引人食欲，质地松软，口味多样。

 饮食养生

"草木萌动，调脾养神。"雨水时节，人的脾胃很容易虚弱，此时应多食汤粥以滋养脾胃。汤粥容易消化，不会加重脾胃负担，山药粥、红枣粥、莲子汤都是很好的选择。脾胃虚弱的人应避免进食饼干等干硬食物，因为干硬食物不仅不好消化，还可能对胃黏膜造成损伤。雨水时节饮食应以"中庸"为主，不食生冷之物，也不吃燥热之物，冷饮、辣椒都是应当慎食的。

3 惊蛰篇

开春一声雷，惊蛰步鱼肥

惊蛰：3月5—7日　桃始华、鸧鹒鸣、鹰化为鸠

"微雨众卉新，一雷惊蛰始。"惊蛰，顾名思义就是春雷阵阵，惊醒了冬眠的各种动物。它描述了一个万物萌生的场面：桃花绽放了花蕾，黄鹂清脆试啼，此时动物开始求偶繁殖，过冬的虫卵也要开始孵化。惊蛰是反映自然物候现象的一个节气，与其他节气相比，惊蛰期间气温回升速度是最快的，我国大部分地区开始进入春耕。

 节令菜肴：氽调羹步鱼、清蒸刀鱼、腐皮韭菜盒、糟熘腰花

　　老底子杭州人有惊蛰吃步鱼的习俗,所谓"开春一声雷,惊蛰步鱼肥"。步鱼冬日伏于水底,一到春天便至水草丛中觅食,经过了一个冬天的伏养,此时正是步鱼最肥美的时候,肉质细嫩,较之豆腐,有其嫩而远胜其鲜,为江南水乡远近闻名的佳肴。因此,一道"氽调羹步鱼"就成了惊蛰的时令佳肴。刀鱼、韭菜、花菜也都是惊蛰时令菜,我们可适时吃一点清蒸刀鱼、腐皮韭菜盒,也可适当用一些补益气的食物,如糟熘腰花。

氽调羹步鱼
CUANTIAOGENGBUYU

原料： 大活步鱼600克、熟火腿片15克、嫩笋尖片50克、水发香菇片20克、绿蔬菜25
克、绍酒10毫升、葱段5克、精盐4克、味精2克、熟猪油10毫升、蛋清1个、熟鸡
油5毫升、湿淀粉10毫升。

制法： 1. 将步鱼剖洗净，对劈开，去掉头、尾，出骨，取净肉(带皮)，加绍酒和精盐1
克捏匀，放入蛋清、湿淀粉捏匀上浆。

2. 炒锅洗净烧热，下猪油，用葱段炝锅，放水750毫升，置旺火上煮沸，放入步
鱼划散，加精盐3克，待汤沸起，撇去浮沫，加入笋片、绿蔬菜、火腿片、香菇片
及味精，再沸时继续撇去浮沫，出锅盛入荷叶碗，淋上鸡油即成。

特点： 步鱼形如调羹，肉滑嫩、汤鲜美、色清丽。

清蒸刀鱼
QINGZHENGDAOYU

原料: 新鲜刀鱼2条(约重400克)、葱结20克、熟火腿片15克、精盐4克、生笋尖片25
克、味精3克、水发香菇25克、绍酒10毫升、板油10克、葱段2克、姜片4克、清汤
适量、姜末醋1小碟。

制法: 1. 将刀鱼剖洗净,入沸水锅烫一下捞出,刮去黑膜,冲净,鱼身脊背部位直剞
十字花刀(入刀深度以不剞断鱼骨为度)。将鱼摆在深盘中,依次将笋片、香
菇、板油丁、火腿片相间放在鱼身上,加精盐、绍酒及水25毫升,放上姜片、葱
结,入笼用旺火蒸约5分钟,待鱼眼珠突出成熟时起笼,去掉葱、姜,将原汁汤
滗入碗中另用,鱼装入长腰盘。

2. 原汁汤放入葱段、味精,加沸清汤70毫升左右(原汁汤较多时不必另加沸
汤),调准口味,将汁淋浇在鱼身上即可。上桌时带姜末醋蘸食。

特点: 肉质细嫩,原汁原味,清鲜腴美。

腐皮韭菜盒
FUPIJIUCAIHE

原料：泗乡豆腐皮3帖、猪腿肉150克、韭菜末100克、鸡蛋2个、面粉50克、绍酒5毫升、湿淀粉25毫升、味精1.5克、精盐2.5克、花椒盐适量、甜面酱适量、熟猪油750毫升（约耗75毫升）。

制法：1. 将猪腿肉斩成末，盛入碗内，放入绍酒、精盐、味精，加水50毫升，搅拌上劲待用。

2. 豆腐皮1帖去边筋摊平，肉末50克平摊在腐皮的中间，均匀地撒上韭菜末25克，然后将腐皮包折成长约10厘米、宽约5厘米的长方条。共做3条。

3. 鸡蛋磕在碗内，加面粉、湿淀粉、精盐0.5克及水25毫升，搅成薄蛋糊。

4. 炒锅烧热，下猪油，至油温150℃时，在腐皮条四周均匀涂上蛋糊，入锅炸至结壳后翻身，至两面金黄时捞出。斜切成1厘米宽、6厘米长的条块，排放在盘中，两端放上花椒盐与甜面酱即成。

特点：色泽金黄，外酥松、内鲜香。

小贴士

薄蛋糊内加入少许色拉油，能使炸好的蛋壳又薄又脆。

糟熘腰花
ZAOLIUYAOHUA

原料：猪腰250克、蛋清1个、绍酒15毫升、香糟25克、精盐2.5克、白汤100毫升、味精1.5克、葱段5克、湿淀粉35毫升、姜汁水少许、熟猪油750毫升(约耗75毫升)。

制法：1. 把猪腰外膜剥净，取出腰臊，均匀地切成梳子花刀片，用精盐1.5克、绍酒5毫升腌渍一下，加蛋清捏上劲，再加湿淀粉25毫升拌匀。

2. 香糟用清水50毫升捏碎调稀，用纱布滤去糟渣，取糟汁，加绍酒10毫升、湿淀粉10毫升和精盐、味精、姜汁水，调成汁待用。

3. 用中火将锅烧热，下猪油，至油温150℃时，将腰花下锅划散成粉白色，倒入漏勺，沥去油。锅内留油25毫升，将葱段略煸，倒入腰花，加入白汤和糟汁，搅匀后迅速倒入锅内勾芡，转动炒锅，至汁稠浓与腰花融合时，浇上猪油10毫升，出锅即可。

特点：腰花鲜嫩，糟香味醇。

节令点心：撑腰糕、五福饼

苏杭民间素有"二月二吃撑腰糕"的习俗，意思是说农历二月初二过后，大地更新，万物复苏，农村要进入春耕备耕时节。人们吃了糖糕后，既能美食补身，又能把腰板撑硬，故称为"撑腰糕"。"马蹄饼金美味糕，谷雨丰年样样好。安居乐业百姓愿，一顺白顺能撑腰。"

撑 腰 糕
CHENGYAOGAO

原料：糯米粉600克、黏米粉150克、鲜荸荠750克、绵白糖500克、桂花干5克、色拉油50毫升。

制法：1. 鲜荸荠洗净去皮，加桂花干拌匀，放入榨汁机，加清水打成浆。

2. 糯米粉、黏米粉盛入盆内，加入绵白糖，倒入荸荠浆，搅拌成粉浆。在正方形不锈钢盘中垫入保鲜膜，刷上色拉油，把粉浆倒入盘内，用手抹平，放入蒸箱内蒸40分钟即好。

3. 等蒸好的米糕凉冷后切成正方形块，不粘锅上火烧热，加入色拉油，用微火煎至两面金黄色后装盘。

特点：有糖桂花和荸荠的清香，甜糯可口。

五福饼
WUFUBING

原料：面粉500克、猪油150毫升、芝麻馅50克、白果馅50克、五仁椒盐馅50克、莲蓉馅50克、奶黄馅50克、鸡蛋1只。

制法：1. 将面粉250克加入猪油50毫升、清水和成水油面团，面粉250克加入猪油100毫升和成干油酥面团，稍饧。

2. 水油面团包入干油酥，起酥成有层次的面皮后，搓条摘剂，分别包入芝麻馅、白果馅、五仁椒盐馅、莲蓉馅、奶黄馅，制成不同形状的生坯，刷上蛋液。

3. 烤箱升温至180℃，将生坯放入，烤至表面金黄色即可。

特点：质地酥松，口味独特，形态各异。

 饮食养生

"春雷乍动，调理内体。"随着惊蛰的来临，人体的新陈代谢逐渐加快，此时应从饮食上加强营养，而补充维生素C就是一种很好的办法。补充维生素C可选用小红辣椒、苜蓿、菜花、菠菜、大蒜、芥蓝、香菜、甜椒、豌豆苗等蔬菜和雪梨、红枣、黑加仑等水果。

4

[春分尝鲜有讲究,]
[桃花鳜鱼马兰头]

春分篇

春分：3月20—21日 玄鸟至、雷乃发声、始电

春分是一个重要的节气，这一天太阳直射赤道，南北半球昼夜平分。春分过后，燕子便从南方飞来了，天空不时会出现闪电雷鸣，辽阔的大地上，岸柳青青，莺飞草长，小麦拔节，油菜花香，桃红李白迎春黄。南唐诗人徐铉有诗道："春分雨脚落声微，柳岸斜风带客归。"此时我国大部分地区进入了明媚的春天。

 节令菜肴:香干马兰头、傍林鲜、桃花鳜鱼

春分时节的饮食养生应当以"平和"为主,不食大寒大热之物。正所谓"春分尝鲜有讲究,桃花鳜鱼马兰头",这时鳜鱼、春笋、马兰头刚刚成熟,杭州人又有踏青、挖野菜的习俗,踏青归来,为家人做上一碗亲手采摘的香干马兰头和以新鲜春笋为原料的傍林鲜,那种野蔬的清香沁人心脾。

 小贴士

马兰头焯水后必须用冰水或冷水浸凉,保持其翠绿色。

香干马兰头
XIANGGANMALANTOU

原料: 马兰头300克、兰花干50克、食盐2克、味精3克、麻油5毫升。

制法: 1. 马兰头焯水,用冰水浸凉,捞出后挤干水,切成小粒段;兰花干切成粒。

2. 将马兰头用盐、味精拌匀后加入切好的兰花干粒,加麻油,再拌匀即可。

特点: 田野芬芳,自然鲜翠。

傍 林 鲜
BANGLINXIAN

原料：带壳春笋450克、虾仁200克、豌豆75克、咸肉丁50克、盐5克、高汤400毫升、粽叶15克、湿淀粉7毫升、粗井盐500克。

制法：1. 春笋去尾掏空，用高汤煨透。

2. 虾仁加盐、湿淀粉搅拌上浆，与豌豆、咸肉丁一同装入春笋腹中，再用粽叶结尾，待用。

3. 炒锅置火上，加入粗井盐，和春笋一起小火慢烤约15分钟，至外壳焦黄、笋香溢出即成。

特点：竹林空谷，山野清香，尽蕴其间，此中真味是一份暂离尘嚣的清闲。

桃花鳜鱼
TAOHUAGUIYU

原料：活鳜鱼约 700克、虾饺馅20克、腐皮2帖、胡萝卜5克、鲜榨菜50克、爽口菜100

克、野山椒 10克、鲜花椒2克、生姜5克、小葱5克、菜油15毫升、高汤1000毫

升、枸杞5克、黄酒10毫升、盐5克、味精5克、胡椒粉1克。

制法：1. 活鳜鱼杀净，去龙骨取肉，切成0.3厘米的片，头尾造型待用，鱼片上浆待用。

2. 胡萝卜去皮切成0.2厘米的丁，拌入虾饺馅中，取腐皮去边筋，把虾饺馅均

匀地码在腐皮上包成卷(要求卷直径2厘米)。

3. 起锅，放入菜油15毫升，加葱姜结煸炒，放入鱼骨头、鲜榨菜、爽口菜、野山

椒一起煸炒，烹入黄酒，放入高汤，将汤用中火煮约5 分钟左右，调味(要求

汤色金黄)，原料捞起，装入斗笠碗中。上浆好的鱼片在原汤中汆熟，鱼头烧

熟做造型。起油锅，将腐皮卷炸至金黄色，斜刀切成1厘米厚的片，围在斗笠

碗的边上。最后撒上小葱、枸杞点缀即可。

特点：造型美观，选料丰富，色泽金黄，滋味鲜美。

节令点心：五辛春卷、百花糕

春日食春卷可以说是一件应时应景的事。"五辛春卷历史悠，盛名享誉五大洲。荤素搭配合菜饭，点心酒肴皆可口。"春分时令点心当推五辛春卷。

五辛春卷
WUXINCHUNJUAN

原料： 春卷皮子10张、净肉丝100克、净韭芽50克、绍酒2毫升、酱油5毫升、精盐2克、味精2克、鸡精2克、胡椒粉少许、姜末少许、熟猪油50毫升、高汤100毫升、湿淀粉25毫升、色拉油500毫升(耗用50毫升)。

制法： 1. 将炒锅置旺火上烧热，下熟猪油，肉丝入锅煸炒，加调味料，放入高汤烧滚，用湿淀粉勾厚芡，韭芽切段撒在肉丝面上，微拌一下成馅待用。

2. 包卷，用面糊封口。

3. 油炸。锅内下色拉油烧热，至油温175℃时，放入春卷，一锅炸10只，用筷子不断推动防焦，待春卷呈金黄色时捞起，沥干油分装盘。

特点： 此点色泽金黄，皮层松脆，内馅鲜嫩。

百花糕
BAIHUAGAO

原料：黏米粉300克、糯米粉200克、绵白糖150克、清水250毫升、干玫瑰花少量、鲜蚕豆馅100克。

制法：1. 将清水盛入盆内，加入绵白糖，搅拌至糖溶化。

2. 将黏米粉与糯米粉盛入盆内，混合拌匀，加糖水，用双手擦搓成湿粉。

3. 木模底部放入干玫瑰花，要撒均匀。

4. 用16眼不锈钢筛子把湿粉筛一半到木模底部，中心处放入豆茸馅，再筛一层湿粉在上面，用竹片刮平，蒸板上垫上白湿布，把木模百花糕生坯覆到蒸板上。

5. 放入蒸箱蒸2分钟，然后关上蒸箱门，再蒸5分钟即可取出。

特点：色彩鲜艳，柔韧清香。

饮食养生

"昼夜均分，平衡阴阳。"春分的饮食要遵循"以平为期"的原则，不能吃大寒大热之物，可以多吃菜花、莲子和牛肚。还可以将寒热之物搭配食用，达到中和，如寒性的鱼、虾可以和温性的葱、姜、醋等调料搭配；助阳的韭菜和滋阴的蛋搭配，等等。

清明螺，赛过鹅

5

清明篇

清明：4月4—6日 桐始华、鼠化为鴽、虹始见

　　清明前后桐花盛开，喜阴的田鼠躲藏了行踪，雨后的天空不时可以见到美丽的彩虹，真是春光明媚，可谓"百般红紫斗芳菲"。清明正是因"气清景明"而得名，含有天气晴朗、草木繁茂的意思。清明既是踏青游玩的时节，也是最重要的祭祀节日。这天，除了祭祀先人，各地还有插柳、踏青、放风筝等习俗。

 节令菜肴：酱爆螺蛳、香椿煎豆腐、酒酿蒸鲥鱼

"清明螺，赛过鹅"，这是杭州家喻户晓的民谚，清明吃螺蛳也成了杭州人的传统食俗。据说这天用针挑出螺蛳肉烹食，叫"挑青"，吃后将螺蛳壳扔到房顶，屋瓦上发出的滚动声就能吓跑老鼠。因此，酱爆螺蛳当仁不让地成为清明节令的代表菜肴。清明也是食材极为丰富的时节，这时富春江的鲥鱼进入了一年中最肥美的时刻，平日难得一见的蒿菜、芦笋、椿芽、荠菜也纷纷登场，成为当令时蔬。

酱爆螺蛳
JIANGBAOLUOSI

原料：螺蛳500克、姜末10克、葱白10克、酱油4毫升、葱花3克、黄酒10毫升、白糖6克、黄豆酱30克、芝麻油10克。

制法：1. 螺蛳清水饿养6小时以上，去尾洗净待用。

2. 将炒锅置火上烧热，用油滑锅后下油，烧至油温200℃时，下入姜末、葱白炝锅，再加入螺蛳、黄豆酱，旺火爆炒，接着将酱油、黄酒、白糖、清水入锅同炒，待卤汁收浓，淋上芝麻油，起锅撒上葱花即成。

特点：色泽红亮油润，螺肉香鲜、脆嫩。

养螺蛳时滴几滴菜油，更容易让它吐尽体内的泥沙。

香椿煎豆腐
XIANGCHUNJIANDOUFU

原料： 嫩豆腐500克、香椿50克、笋片50克、白糖2.5克、精盐1.5克、味精2.5克、酱油25毫升、酒15毫升、芝麻油15毫升、熟猪油250毫升(约耗100毫升)。

制法： 1. 将香椿放入沸水汆一下，过凉，挤干水，斩成粗末。豆腐批成长2厘米、宽1.3厘米、厚约1厘米的片，整齐地摊放在平盘上。

2. 炒锅置中火上烧热，滑锅后，下猪油150毫升，至油温150℃时，将盘中豆腐滗去水，洒上少许酱油，推入油锅，煎至结壳转黄，翻身，加猪油100毫升，继续煎至两面金黄，倒入漏勺，沥去油。

3. 豆腐倒入原锅，加绍酒、白糖、酱油、精盐及糖水100毫升，放入笋片、香椿末，沸滚后，改用小火，烧至汤汁略稠浓，加味精，淋上麻油，将豆腐整齐地扒入盘中即成。

特点： 豆腐金黄，香椿飘香，汁稠味鲜，是时令佳肴。

酒酿蒸鲥鱼
JIUNIANGZHENGSHIYU

原料：生净鲥鱼500克、熟火腿20克、水发香菇20克、笋尖25克、酒酿20克、姜块5克、猪网油100克、绍酒15毫升、白糖2.5克、精盐2克、味精2克、甜酱瓜、甜姜25克、熟猪油25毫升、葱结35克、姜末醋1碟、葱段15克。

制法：1. 鲥鱼不去鳞，鳞面朝下放砧板上，背部直切1刀，刀深为鱼肉的一半。火腿切4薄片，笋切成5厘米长的薄片，瓜、姜也批成薄片。

2. 取大面碗1只，将猪网油平铺碗底，火腿放猪网油中间，周围放香菇、笋和瓜、姜片，排列整齐，然后放上鲥鱼(鱼鳞朝下)，加酒酿20克和绍酒、精盐、白

糖、猪油、葱结、姜块(拍松),上笼用旺火蒸约8分钟,出笼拣去葱、姜块,滗去原汤,加味精和葱段调准口味,浇入调好的原汤即成。上桌时带姜末醋。

特点: 鲥鱼色白如银,鳞下脂肪丰富,吮之油润,肉中细刺如毛,故有"银鳞细骨"之称,是我国名贵鱼类之一,有温中补虚、清热解毒之功能。清蒸鲥鱼,配料绚丽多彩,银鳞光彩夺目,肥腴鲜嫩,是春令名菜。

节令点心：青白团子、桃花粥

因清明与寒食相连,需祭祖、禁火,所以江南民俗此时食用青团、熟藕。这些食物既遵循了寒食节禁火、食冷食的习俗,又结合了清明的节令特色,用当季的时新野蔬和江南特产为原料制作而成。"青白团子古寒具,江南糯米名不虚。浓香溢口悠悠糯,寒食清明饶情趣。"而桃花粥最早产生于洛阳,洛阳人寒食这天家家饮用桃花粥,后传入江南,尤为爱美女性所青睐。

青白团子
QINGBAITUANZI

原料：嫩艾叶750克、糯米粉500克、黏米粉150克、细沙150克、咸雪菜250克、肉末100克、季节笋100克、豆腐干2块、精盐1克、白糖2克、味精5克、姜末少许、绍酒少许。

制法：1. 嫩艾叶去黄叶,用清水洗净,放入沸水锅煮,煮时加入少量食用碱,煮熟捞起,用清水冲漂,挤干,放入电榨机打成茸。

2. 两种粉盛入盘内,一半倒入艾茸和成粉团备用,另一半用清水和成团。

3. 咸馅心炒熟,细沙馅备好。

4. 碧绿粉团每只剂子包成圆形咸生坯,白的粉团每只包成圆形甜细沙生坯。

5. 把做好的青白团子放入蒸笼内,上蒸汽蒸7分钟即可。

特点：具有艾草清香,口感软糯,豆沙香甜,咸馅脆爽。

桃花粥
TAOHUAZHOU

原料：粳米100克、松仁5克、瓜仁5克、鲜桃花25克、白糖50克。

制法：粳米加清水、鲜桃花(20克)、白糖，大火烧开，改小火熬至黏稠后盛出，撒上松仁、瓜仁、鲜桃花(5克)即成。

特点：色泽美观，口感清香。

 饮食养生

　　天清地明，灭"火"避"瘟"。清明易"上火"，饮食上我们要多吃解热、"降火"食物，尽量少吃荔枝、龙眼、榴莲等性热的水果和咖哩、辣椒、花椒等辛辣的食物。适当选用有败火功效的苦味食物，可以抗菌解毒、去火解暑、提神醒脑，对人身体大有好处。清明也是竹笋上市的时节，竹笋味美，但不宜多吃。中医认为，竹笋性寒，滑利耗气，同时竹笋又属发物，有诱发疾病的可能。这时可以多食用些银耳。

6

雨前椿芽雨后笋，
一日一餐伴长生

谷 雨 篇

谷雨：4月19—21日　萍始生、鸣鸠拂其羽、戴胜降于桑

　　谷雨前后，水中的浮萍开始生长，鸣叫着的斑鸠梳理着自己的羽毛，戴胜鸟开始在桑树间穿梭。谷雨是春天的最后一个节气，名为"雨生百谷"，意思是雨量充足而及时，谷类作物能够茁壮生长。这时田中的秧苗初插、作物新种，春茶也在这时采摘，苏东坡有"白云峰下两旗新，腻绿长鲜谷雨春"，形象描绘了杭州暮春时的茶园景色。

 节令菜肴：油焖春笋、火丁豌豆、文武笋

　　谷雨意为"雨生百谷"，持续充足的雨水保证了谷类作物的苗壮成长。这时新生的春笋破土而出，因其外形粗壮、色泽玉白，又称"象牙笋"，是竹笋中的极品，也是春笋全年最鲜嫩的时候，人们往往争先品尝春笋的美味。俗话说"雨前椿芽雨后笋，一日一餐伴长生"，我们就把这几道绿色健康的时令笋菜"油焖春笋"、"文武笋"推荐给大家。另外，谷雨时豌豆刚刚上市，无论做菜做饭，都是绝佳的选择。

油焖春笋
YOUMENCHUNSUN

原料: 生净嫩春笋肉500克、酱油70毫升、白糖25克、味精1.5克、花椒10粒、色拉油75毫升、芝麻油15毫升。

制法: 1. 将笋肉洗净,对剖开,用刀拍松,切成5厘米左右的段。

2. 将炒锅置中火上烧热,下色拉油,至130℃左右时,放入花椒,炸香后捞出,将春笋入锅,煸炒至色呈微黄时,即加入酱油、白糖和水100毫升,用小火焖5分钟,待汤汁收浓时,放入味精,淋上芝麻油即成。

特点: 嫩春笋以重油、重糖烹制,色泽红亮,鲜嫩爽口,略带甜味,是杭州传统风味名菜。

小贴士

　　春笋在煸炒时一定要反复炒透,这样成品更有锅香味。

火丁豌豆
HUODINGWANDOU

原料：净豌豆肉200克、火腿25克、熟笋肉25克、湿淀粉15毫升、芝麻油10毫升、味精
2.5克、精盐2克、绍酒5毫升、熟猪油25毫升。

制法：1. 豌豆用沸水焯一下，过凉。火腿、笋均切丁待用。

2. 炒锅置中火上烧热，下熟猪油25毫升，放入豌豆略煸，加入火腿丁、笋丁，
再加绍酒、精盐和沸水150毫升，待汤汁收浓到2/3时，加味精，用湿淀粉勾芡，
淋入芝麻油，起锅装盘即成。

特点：色泽艳丽，鲜香脆嫩。

文 武 笋
WENWUSUN

原料: 莴笋200克、春笋200克、熟鸡油25毫升、白汤200毫升、精盐2.5克、味精2克、湿淀粉15毫升、熟猪油15毫升。

制法: 1. 将春笋洗净去老头,切小形滚刀块。莴笋去皮去老头,切小形滚刀块。

2. 炒锅置中火上,下猪油,至油温100℃时,放入春笋,颠锅略煸,随即加入白汤,盖上锅盖,改小火,煮5分钟后,下莴笋加精盐、味精,略收,用湿淀粉调稀,勾薄芡,淋热鸡油,起锅装盘。

特点: 春笋鲜嫩,莴笋爽脆,青白相映,色泽雅丽。

节令点心：酒酿圆子、胡麻饼

江浙一带有谷雨吃酒酿的习俗，酒酿圆子也成为人们喜爱的一道节令点心，一直流传至今。"美味圆子他处无，馅心甜香酒酿熟。齿颊流芳醍醐顶，心有灵犀饱诗书。"

酒酿圆子
JIUNIANGYUANZI

原料：糯米粉500克、甜酒酿1盒、白砂糖150克、湿生粉50毫升、枸杞少量、蛋黄少许。

制法：1. 糯米粉放在案板上，用沸水和成粉团，趁热快速搓条切粒。

2. 锅内加入清水，烧开后倒入圆子，用勺不停推动，圆子浮上水面后捞起。锅洗净，加入沸水，倒入熟圆子，加入白砂糖，用湿生粉勾芡，倒入打散的蛋黄，酒酿用筷子打散，倒入锅内，用马勺摊匀，盛入碗内，撒上蒸熟的枸杞点缀即可。

特点：口味糯滑，酒香悠长。

胡 麻 饼
HUMABING

原料： 面粉500克、猪油50毫升、猪板油100克、青梅50克、金橘饼50克、红绿瓜脯50克、芝麻100克、绵白糖100克、鸡蛋1只。

制法： 1. 面粉400克加清水和成面团；面粉100克加猪油和成干油酥。

2. 猪板油去膜剁成茸，青梅、金橘饼、红绿瓜脯切成末，加入白糖，制成水晶馅。

3. 清水面团包入干油酥，起酥后搓条摘剂，包入水晶馅，制成生坯，刷上蛋液，撒上芝麻。

4. 将烤箱温度升至180℃后放入生坯，烤至金黄色即成。

特点： 质地酥脆，口感油润香甜。

饮食养生

"牡丹花开，清热防潮。"谷雨养生当以清热为主。常用的食疗方有竹叶粥、绿豆粥、酸梅汤等，还可以搭配一些清热养肝的食物，如芹菜、荠菜、菠菜、莴笋、荸荠、黄瓜、荞麦等。晚春时节，天气开始变热，这时人体内肝气稍伏，心气开始慢慢旺盛，肾气也于此时进入旺盛期。所以在饮食上我们也应略作调整，尽量多吃一些益肾养心的食物，并减少蛋白质的摄入量，以减轻肾的负担。

7

立夏蝉儿鸣，鸡丝儿莼菜新

立夏篇

立夏：5月5—7日　蝼蝈鸣、蚯蚓出、王瓜生

　　"四时天气促相催，一夜熏风带暑来。陇亩日长蒸翠麦，园林雨过熟黄梅。"这时节，青蛙开始聒噪着夏日的来临，蚯蚓忙着帮农民们翻松泥土，乡间田埂的野菜也都争相出土、日日攀长。立夏，顾名思义是夏季的开始。

节令菜肴：鸡火拌莼菜、米汤时苋、小米炖燕窝

我国许多地方有立夏"尝新"的习俗，人们会在立夏当天食用新鲜的蔬果，如莼菜、樱桃、竹笋、蚕豆、苋菜等。俗话说"立夏蝉儿鸣，鸡丝儿莼菜新"，我们以当令最著名的杭州特产——西湖莼菜为主料，配以鸡丝、火腿，制成了这道色香味俱全的立夏时令佳肴"鸡火拌莼菜"。苋菜是立夏的时蔬，米汤时苋以其独特的烹饪方法让人耳目一新，而具有滋补养颜效果的小米炖燕窝则是本季女士的首选。

鸡火拌莼菜
JIHUOBANCHUNCAI

原料： 鲜莼菜500克、熟鸡肉40克、熟火腿丝20克、精盐1.5克、味精2.5克、鸡油10毫升。

制法： 1. 炒锅洗净，置旺火上，放水1000毫升烧沸，将莼菜用漏勺沥干水，倒入沸水锅，再沸时撇去浮沫，捞出莼菜，沥干水，放入碗中，加精盐、味精、鸡油拌匀装盘。

2. 鸡肉切成5厘米长、0.2厘米粗的丝，放在莼菜中间，再用火腿丝结顶即可。

特点： 鸡肉玉白，火腿红亮，莼菜翠绿，鲜嫩清香。

小贴士

莼菜下沸水后，颜色转绿即可捞出，过之则老。

米汤时苋
MITANGSHIXIAN

原料： 生净苋菜400克、干贝20克、米汤150毫升、熟花生油25毫升、味精1.5克、精盐3
克、芝麻油15毫升。

制法： 1. 炒锅置中火上烧热，用油滑锅后下花生油，至油温125℃时，撒入精盐，倒
入苋菜，撒入干贝，用筷子划炒至苋菜碧绿时，沥去水分，淋上麻油，离火用
筷子拨匀，迅速出锅装盘。

2. 米汤入锅，调入盐和味精，沸起后浇上苋菜即成。

特点： 苋菜碧绿，米汤清香，入口滑嫩清新。

小米炖燕窝
XIAOMIDUNYANWO

原料： 小米35克、燕窝25克、鸡汤100毫升、盐3
克、鸡油5毫升。

制法： 1. 燕窝用温水浸涨，拣去燕毛，用清水漂
净，入锅中用开水浸没，加盖小火焖5分钟，
沥去水，再用冷水冲凉；如前法连续2—3
次，使燕窝涨至绵糯，然后盛入碗内待用。

2. 炒锅置火上，舀入鸡汤，加入泡涨的小
米，小火煮炖成小米鸡粥，撇去浮沫，放
入盐，推入燕窝，淋上鸡油即成。

特点： 色泽黄亮清透，入口嫩软绵糯。

节令点心：阿弥糕、清凉糕

立夏是中国古代重要的节令，杭州素有立夏吃乌饭糕（即阿弥糕）的传统。乌饭也称"青菁饭"，据说食之能延年益寿。旧时每到立夏，杭州城内食肆就煮青菁饭、做乌饭糕供应，居民买去供佛，并作为节令食品食用。"乌米饭炊阿弥糕，供佛分享福寿包。健康营养新观念，长寿延年青菁稻。"

阿 弥 糕
EMIGAO

原料： 鲜乌饭叶1000克、糯米500克、白糖100克、樱桃10颗、熟色拉油50毫升。

制法： 1. 鲜乌饭叶用清水洗净，放入绞肉机绞成末，加入清水拌匀，用布袋挤出汁。糯米淘净，倒入乌饭汁浸泡上色，捞起沥干，放入蒸笼蒸约1小时即可。

2. 把出笼的熟糯米饭倒入盆内，拌入白糖和色拉油，拌均匀后倒入不锈钢盘中压平。

3. 切成正方块，正面放上一颗樱桃点缀，装盘。

特点： 口感香糯有劲，甜而不腻。

清凉糕
QINGLIANGGAO

原料：糯米粉350克、粳米粉150克、绵白糖100克、薄荷油5毫升、
枸杞子10克。

制法：1. 将糯米粉、粳米粉、白糖、薄荷油加清水和成粉浆，用筛
子过滤至干净盘内，上笼蒸熟。

2. 待成品冷却后切块，放上枸杞后装盘即成。

特点：口感软糯、清香，是夏令佳点。

饮食养生

　　"修炼内功，养护心脏。"在心火旺盛的立夏，应该多食用一些补血养心的食物，如红豆、红枣、枸杞之类的红色食物和苦瓜、苦菜、蒲公英等苦味食物。立夏"尝新"这一习俗盛行于我国许多地方，研究表明，"尝新"这一习俗对人的身体十分有益。水果的营养十分丰富，不仅含有人体必需的多种维生素，还富含矿物质、粗纤维、碳水化合物等营养元素。

8 小满篇

[小满至，户户蒸茄子]

小满：5月20—22日 苦菜秀、靡草死、小暑至

"小满小满，麦粒渐满。"小满时日照充足，自然界植物比较茂盛，农作物开始成熟。苦菜已然枝叶繁茂，而喜阴的小草却在强烈的日照下渐渐枯死，小满的到来也为炎热的夏季拉开了序幕。宋代诗人范成大的"绿遍山原白满川，子规声里雨如烟。乡村四月闲人少，采了蚕桑又播田"，生动地描绘了小满时节的乡村画卷。

 ## 节令菜肴：饭焐茄子、稻香蛙、葱烤小土豆

　　小满时节万物繁茂，是生长最旺盛的时期。这时蔬果大量上市，蔬菜就有茄子、丝瓜、小土豆、葫芦、毛豆、南瓜等，食材相对丰富，当令蔬菜选择面扩大。民谚有"小满至，户户蒸茄子"，讲的就是杭州的传统风味饭焐菜饭焐茄子，它和葱烤小土豆一起成为杭州人小满时常食的家常菜。另外，小满是夏季的开始，可以选用祛暑利湿、清热解毒的食物，如牛蛙、绿豆、苦瓜、茭白等，稻香蛙就是其中一道受欢迎的夏令时菜。

饭焐茄子
FANWUQIEZI

原料: 茄子350克、大米300克、酱油6毫升、麻油2毫升、蒜泥3克、葱白2克。

制法: 1. 茄子去蒂洗净,待用。

2. 大米淘洗干净,加入清水,入笼屉,铺上茄子,旺火蒸至米饭熟。

3. 取出蒸焐好的茄子,撕扯成条,拌以酱油、蒜泥、葱白,再淋上麻油即成。

特点: 饭焐菜是地道的杭州传统风味,不仅茄子,还有蚕豆、嫩玉米、芋艿、苋菜等都可以焐。饭焐菜最大程度地保留了菜蔬原本的味道,食用时还夹带着稻米的清香。

稻香蛙
DAOXIANGWA

原料：牛蛙400克、藕片75克、蒜头30克、干红椒20克、鲜稻节50克、豆豉10克、米醋10毫升、盐3克、鲜花椒5克、淀粉10克、酱油85毫升、豆油85毫升、芝麻油5毫升。

制法：1. 牛蛙杀净，改刀成块，加入盐、豆豉、酱油、淀粉腌渍上浆。

2. 炒锅置旺火上，入豆油，至油温175℃时，放入牛蛙，划散，炸至外壳金黄，即捞出待用。原锅留底油15毫升，放入藕片、蒜头、干红椒、鲜稻节，旺火炒香，将牛蛙、米醋、鲜花椒放入，颠动炒锅搅匀，淋上芝麻油，出锅即成。

特点：香辣脂鲜，肥嫩脆松。

葱烤小土豆
CONGKAOXIAOTUDOU

原料： 去皮熟小土豆350克，小葱50克，酱油、味精、绍酒、糖、熟猪油、麻油各少许。

制法： 1. 将小土豆用手略压扁，小葱切成葱花。

2. 炒锅置旺火上烤热，下熟猪油，将小土豆下锅，煎至两面黄，沥去油，放入葱花，炒香后，加酱油、绍酒、味精、糖、少许水，略收，淋上麻油，装盘。

特点： 土豆两面金黄，色泽油润，葱香扑鼻。

小贴士

小土豆要在热时压扁，这样煎的时候才不会碎。

节令点心：神仙糕、蚕茧果

相传农历四月十四为吕洞宾生日,民间食用神仙糕以庆之。又因这日多在小满前后,故神仙糕就成为小满节令点心。"常食米粉利健康,五色糕蒸暄昂昂。蓬松可口富营养,瑶池神仙恋下方。"

神仙糕
SHENXIANGAO

原料: 糯米粉500克、黏米粉750克、胡萝卜汁115毫升、心里美萝卜汁115毫升、咖啡汁115毫升、菠菜汁115毫升、冷水115毫升。

制法: 1. 分别用5种汁水把粉搅拌均匀,擦至湿粉抓得起、散得开即可。

　　　 2. 把5种湿粉分层筛到四方木模筐中,刮平,放进蒸汽箱蒸制30分钟即好。

　　　 3. 凉后用快刀切成方块或菱角块装盘。

特点: 口感蓬松、绵细,米香浓郁。

蚕 茧 果

CANJIANGUO

原料：黏米粉450克、糯米粉50克、清水600毫升、盐5克、枣泥500克、椰丝150克、猪油50毫升。

制法：1. 将黏米粉250克、糯米粉50克，加入清水300毫升，拌成粉浆待用。

2. 锅内放入300毫升清水，烧开，倒入粉浆，搅拌成粉团。

3. 粉团再加入黏米粉200克、猪油50毫升，拌匀，上笼蒸30分钟成熟粉团，待用。

4. 将椰丝放入烤箱稍烤，取出待用。

5. 将熟粉团揉至光滑，搓条摘坯，包入枣泥，制成蚕茧状，沾上椰丝即可。

特点：形态逼真，口感香糯。

饮食养生

"驱湿祛邪，未病先防。"夏季天气较为炎热，小满过后，人体的汗液分泌就会相对较多，在选择食物的时候应以清淡的素食为主。但由于素食营养单一，要注意搭配其他食物，以保持营养均衡。

9

[芒种忙，茭白糟油香]

芒 种 篇

芒种: 6月5—7日 螳螂生、鵙始鸣、反舌无声

"芒种忙忙种"，此时地里秧苗嫩绿，草丛里螳螂欢快地跳跃，伯劳鸟开始在枝头歌唱，一派生机勃勃的景象。"东风染尽三千顷，折鹭飞来无处停"，更是写出了芒种时节田野的秀丽景色。芒种前后，长江中、下游地区雨量增多，气温升高，开始进入梅雨季节。

 节令菜肴：糟油茭白、麦香牛仔骨、火蒙丝瓜

　　芒种时节正是农忙季节,此时天气逐渐炎热,人们容易感觉疲惫,没有胃口。因此民间有六月吃糟货的习俗。老话说"芒种忙,茭白糟油香",这道糟香浓郁、清新爽口的糟油茭白就是杭州传统的夏令时菜。而此时上市的茭白、丝瓜,性凉解暑,适宜夏令食用。火蒙丝瓜以及用新鲜麦仁烹制的麦香牛仔骨就此成为芒种时节的应时佳肴。

糟油茭白
ZAOYOUJIAOBAI

原料： 生净嫩茭白肉300克、香糟汁50毫升、精盐5克、芝麻油10毫升、湿淀粉25毫升、色拉油25毫升、味精2.5克。

制法： 1. 茭白肉切成5厘米长的段，对剖开，用刀轻轻拍松。香糟放入碗内，加水100毫升，搅散、捏匀，用细筛子或纱布滤去渣子，留下糟汁待用。

2. 炒锅置中火上烧热，下色拉油，至130℃时，将茭白倒入锅内略煸，加水300毫升，烧爆5分钟左右，再放入精盐、味精，倒入香糟汁，即用湿淀粉调稀勾芡，淋上芝麻油即成。

特点： 糟香浓郁，鲜嫩爽口，色泽明亮，是夏令开胃时令菜。

麦香牛仔骨
MAIXIANGNIUZAIGU

原料： 牛仔骨400克、鲜麦仁100克、绍酒10毫升、蛋清15克、花生油50毫升、白糖5
克、酱油10毫升、盐3克、生粉10克、干葱头末20克、蒜末12克、小葱末4克。

制法： 1. 牛仔骨洗净，加入盐、蛋清，捏匀上劲，拌入生粉搅拌均匀，待用。

2. 炒锅置于火上，下入花生油，待油温升至150℃时，下入牛仔骨，两面煎
黄捞出。

3. 烧锅留油少许，加入鲜麦仁、干葱头末、蒜末，用旺火煸炒至香，烹入绍酒，
加入牛仔骨、清水、酱油、白糖，加盖，改小火，待卤汁收浓，淋入芝麻油即成。

特点： 麦仁晶莹剔透，牛肉香嫩味美，是芒种时节的时令佳肴。

小贴士

热锅下冷油，反复几次可使锅底不粘。

火蒙丝瓜
HUOMENGSIGUA

原料：丝瓜300克、熟火腿末15克、清汤250毫升、精盐2.5克、味精2.5克、湿淀粉15毫升、熟鸡油25毫升、熟猪油25毫升、胡椒粉3克。

制法：1. 将丝瓜洗净去皮，用刀切成条块。

2. 炒锅置中火上，下猪油，放入丝瓜，颠锅略煸，随即加入清汤，盖上锅盖，改用小火，煮2分钟，加精盐、味精，用湿淀粉调稀勾薄芡，起锅装盘，撒上胡椒粉和火腿末，淋上熟鸡油即成。

特点：丝瓜鲜嫩，红绿相映，为夏令时菜。

节令点心：小角黍、莲花饼

农历五月初五为端午，端午节为我国传统三大节（春节、端午、中秋）之一。端午正值芒种农忙时节，它的起源最早只是祈求农业丰收以及预防夏季疫病，以后慢慢发展为纪念爱国诗人屈原。此日民间历来有悬蒲于门户、饮酒、竞渡、挂天师符、沐浴、驱五毒虫、戴长命缕、食粽子（角黍）等风俗，因此粽子（即小角黍）是端午节的重要食品。"中华第一美食粽，三千年前风雅颂。龙舟竞渡屈夫子，端午节日连芒种。"

小 角 黍
XIAOJIAOSHU

原料： 糯米1000克、赤豆250克、粽箬20张、麻绳20根、糖粉50克。

制法： 1. 糯米淘净，赤豆捡去沙子，淘洗净，都沥干水分，倒入盆内拌匀。

2. 粽箬用清水浸泡软，放入沸水锅内，煮15分钟捞起，再用清水洗净。

3. 手拿两张粽箬，一张尖角朝下，一张底部朝下，折成下面尖、上面大，放进拌匀的赤豆、糯米，包成尖角形的赤豆糯米粽。

4. 将包好的粽子放进不锈钢桶内，加入清水，水要漫过粽子，用旺火烧煮2小时，然后关火焖30分钟，即可食用。在食用时剥去粽箬，盛入盘内，上面撒上少量糖粉。

特点： 口感软糯、清香。

莲花饼
LIANHUABING

原料：低筋面粉1000克、熟冻猪油350克、心里美萝卜汁250毫升、鲜蚕豆瓣500克、冰糖200克、色拉油50毫升、食用碱粉5克、精盐少许。

制法：1.取不锈钢锅置旺火上，加入清水1250毫升和食用碱5克，用勺搅至碱粉溶化，等清水滚起，倒入洗净的蚕豆瓣，煮熟捞出，用清水冲凉，放入电磨机打出豆茸。取不粘锅置火上，放入冰糖，倒入豆茸，炒至收干时加入色拉油，把豆茸炒至光亮，盛入盆内。

2.先取面粉500克，加入熟冻猪油250克，充分拌匀，揉搓透，成干油酥面。

3.再取面粉500克，加入烧滚的心里美萝卜汁拌匀，搓成雪花片，要凉透，再洒上少量冷萝卜汁，加入熟猪油，把粉充分拌透，揉成光滑的水油面，盖上湿布。

4.取水油面90克面剂，用手掌压成扁圆形，裹入干油酥面60克，包拢后再压扁，用擀面杖擀成正方形薄片，然后把长片从头卷拢，成筒形，搓匀摘剂。每个剂子擀成边薄、中间厚的圆皮子，包入馅心，收口捏紧朝下，用手掌按成饼形，用薄小刀片在圆饼中心处剖6刀。

5.油炸：锅内放色拉油，置旺火上，油温升到160℃时，将油锅端离火眼，把做好的莲花饼生坯放进漏勺中，再投放入油锅内，养至生坯浮油面时，把锅复置于中火上，炸熟捞起，沥干油分，装盘即可。

特点：香甜酥松，色泽鲜艳。

 饮食养生

"播种健康,调养精神。"芒种时节气温波动较大,人们比较容易上火,而芒种前后又恰逢端午节,粽子就是民间的解暑圣品。此外还要注意精神调养,使自己保持轻松愉快的心情,忌恼怒忧郁,这样可使精气充足,保证人体健康。

10

[花雕六月黄，夏至神仙当]

夏至篇

夏至：6月21—22日 鹿角解、蜩始鸣、半夏生

夏至这天，太阳直射北回归线，是北半球白昼最长的一天。此时天气炎热，草木茂盛，果实成熟。驯养的麋鹿可以割取鹿角，蝉儿的鸣声此起彼伏，半夏、木槿等植物繁盛开花。夏至以后，地面受热强烈，空气对流旺盛，午后至傍晚常易形成骤来疾去的雷阵雨，"东边日出西边雨，道是无晴却有晴"说的就是这种天气。夏至日也是我国最早的节日之一。

 节令菜肴：花雕六月黄、荷叶清风鸡、酱油嫩花生

　　夏至，顾名思义就是夏天来到。民间俚语有"花雕六月黄，夏至神仙当"的说法，这时是杭州人最有口福的时候。西湖六月黄蟹肥膏红，正是一年最肥美的时候，配上本地特产的陈年花雕一起烹制，那种鲜香令人难忘。西湖的荷花也应时盛开，"接天莲叶无穷碧，映日荷花别样红"，荷叶清风鸡极其巧妙地将鸡的鲜美和荷叶的清香结合在一起，组成了这道具有杭州特色的夏令时菜。这时，钱江两岸的花生也陆续成熟，酱油嫩花生就是一道时令佐酒小菜。

花雕六月黄
HUADIAOLIUYUEHUANG

原料：六月黄湖蟹3只、熟咸肉50克、葱20克、姜10克、花雕酒25毫升、姜末醋1碟、味精2克、清汤50毫升。

制法：1. 将湖蟹洗净，一开二，斩去脚尖。咸肉切成0.5厘米宽的条。

2. 取深盘，将湖蟹摆在盘里，上面均匀地撒上咸肉条，放花雕酒25毫升、葱姜片、味精、清汤，放在旺火上蒸10分钟后取出，放上香菜点缀，即可。上菜时带姜末醋1碟。

特点：色泽黄亮，蟹肉鲜嫩，酒香扑鼻。

荷叶清风鸡
HEYEQINGFENGJI

原料： 嫩母鸡1只(净重约1000克)、绍酒15毫升、鲜荷叶2张、精盐10克、葱15克、味精10克、姜丝1.5克、花椒6粒。

制法： 1. 将宰杀、洗净的嫩母鸡自尾部沿背脊骨剖至颈部，用精盐将鸡身内外擦一遍，腿内侧厚肉处划一刀，再用盐擦一下，随即将葱、姜、花椒、绍酒放入鸡腹内，把鸡身合拢，用洁净鲜荷叶1张包好，背朝上放入品锅，加盖入笼，用旺火蒸30分钟左右即熟。

2. 取鲜荷叶1张，用沸水烫过，剪成圆形，垫在盘内。将蒸好的鸡取出，鸡皮向上，斩成长方形小条块，按整鸡形状叠放在荷叶上面。然后将品锅内的原汁，用细筛滤过，加入味精，调准口味，浇在鸡肉上即成。

特点： 鸡肉鲜嫩，荷叶清香，味美爽口，是夏令时菜。

小贴士

包鸡的荷叶用热水泡煮后更易包制成形。

酱油嫩花生
JIANGYOUNENHUASHENG

原料： 带壳嫩花生300克、酱油100毫升、水400毫升、盐2克、茴香5克、八角5克。

制法： 1. 带壳花生洗净后，用手轻捏其一头，开裂细缝。

　　　　2. 锅内加水、酱油、盐、茴香、八角，煮开后，将带壳花生放入锅中，加盖，小火烧
至壳内花生仁酥香入味，浸没在汤水中，待冷却后捞出即可(花生壳成酱色)。

特点： 家常小酌，朴实无华，百吃不厌。

小贴士

　　带壳花生煮前需将其一头轻捏开口，便于汤水渗入壳内，易烧制入味。

节令点心：薄荷糕、小天酥

"夏日炎炎似火烧，荷叶田田暑意消。若问消暑何物好，时人皆曰薄荷糕。"夏天暑热难耐，时令点心主要以清凉、消暑为主。杭州本地多爱食用薄荷糕和小天酥，清香爽口。

薄 荷 糕
BOHEGAO

原料： 糯米粉500克、粳米粉500克、白砂糖350克、瓜仁25克、薄荷油5毫升、红曲粉少许。

制法： 1. 把糯米粉、粳米粉、白砂糖拌均匀，适量的薄荷油加入清水中，再和粉，用手拌匀，潮湿得当，放入12目粉筛搓细待用。搓粉时，用手掌在网丝上来回搓动，用力要均匀，搓好的粉以用手捏能捏成一团、再一搓能恢复粉状为宜。

2. 将搓好的粉静置60分钟，使糕粉吃透水分，保持水分均匀，做的糕能保持香软可口。

3. 在薄荷糕模板上，先均匀撒上少量瓜仁，用适量的粉均匀筛盖在模板内，再筛一层红色夹层粉（糕粉加少量红曲粉），盖上面粉，刮平，翻倒在蒸盘上，蒸熟即可。

特点： 薄荷清香，凉爽可口。

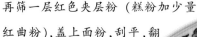

小 天 酥
XIAOTIANSU

原料：鸡肉250克、鲜鹿肉200克、面酱50克、辣酱25克、酱油50毫升、味精5克、熟猪油50毫升、糯米500克。

制法：1. 鸡肉斩成粒，鹿肉洗净，斩成碎米状，一同放盆内，用面酱、料酒、辣酱、葱姜末拌匀入味，上蒸箱蒸熟。

2. 糯米淘净，用水浸泡4小时，上蒸笼蒸熟（蒸1小时），出笼后加入酱油、味精、熟猪油拌匀。

3. 拌匀的熟糯米饭加入熟鸡肉、鹿肉，再拌至均匀。

4. 鲜荷叶洗净，用沸水泡软，修成长方形。

5. 长方形荷叶抹上麻油，放置案板上，荷叶中间放入拌好的糯米饭馅，包成长方形块，入笼蒸15分钟，装盘点缀上桌。

特点：此点有荷叶的清香，滋味鲜美，绵糯油润。

 饮食养生

　　"护心养阳，平衡代谢。"由于夏至出汗较多，盐分损失较大，身体中的电解质也会流失，所以我们在饮食上除了要补充盐分外，还要食用一些带有酸味的食物，以达到固表止汗的作用，如山茱萸、乌梅、五味子等。夏至还可食用凉面来防暑降温。

11

小暑到，虾子鞭笋少不了

小 暑 篇

小暑：7月6—8日 温风至、蟋蟀居辟、鹰乃学习

　　"户牖深青霭，阶庭长绿苔。鹰鹯新习学，蟋蟀莫相催。"唐人的诗句写出了小暑节气的特征：风中都带着热浪；蟋蟀开始自田野逐渐移入庭院；幼鹰由老鹰带领，从鸟巢中飞出，开始学习飞行、搏杀猎食的本领。小暑意指天气开始炎热，但还没到最热。俗话说"热在三伏"，此时正是伏天的开始。

节令菜肴：虾子鞭笋、咸肉春笋黄鳝煲、
黄豆炖猪脚、虾皮拌海带

　　小暑时节天气潮湿闷热，容易中暑，民间有吃消暑食品度伏天的习俗。"小暑到，虾子鞭笋少不了"，鞭笋中含有丰富的蛋白质、氨基酸、维生素等，具有清热化痰、益气和胃的功效，适合夏天食用。鞭笋再配以营养丰富的虾子，这道虾子鞭笋就成了人们夏季伏天的佳肴。伏天还要注意适当补充营养，食用一些高蛋白食物，如咸肉春笋黄鳝煲、黄豆炖猪脚、虾皮拌海带等。

虾子鞭笋
XIAZIBIANSUN

原料：鞭笋750克、干虾子5克、葱段2克、精盐2克、芝麻油10毫升、味精1.5克、湿淀粉5毫升、清汤100毫升、熟猪油1000毫升。

制法：1. 鞭笋去壳去老头，改刀成滚刀块，待用。

2. 锅置中火上，下猪油，至油温100℃时放入鞭笋，养熟捞出，待用。

3. 原锅留油15毫升，放入葱段，煸出香味，倒入虾子，加清汤，捞出葱段，放入鞭笋，加精盐，收到汤水剩一半时，加入味精，用湿淀粉勾芡，淋上芝麻油，起锅装盘即成。

特点：虾子鲜香，鞭笋脆嫩，清鲜爽口，是夏令时菜。

小贴士

鞭笋刀工处理后用少许盐捏一下，可减少笋的涩味。

咸肉春笋黄鳝煲
XIANROUCHUNSUNHUANGSHANBAO

原料： 熟咸肉100克，嫩春笋150克，黄鳝400克，热猪油75毫升，高汤、味精、胡椒粉、料酒、葱段适量。

制法： 1. 将黄鳝活杀洗净，背肉剞花刀，切成4厘米长的段，咸肉切成1厘米见方的条，春笋切滚刀块。

2. 炒锅置旺火上，水烧开，把黄鳝焯水后冲洗干净待用。锅置旺火上烤热，下猪油，放入咸肉和春笋煸炒，煸出香味后放入黄鳝略炒，加入料酒，高汤烧滚后，在小火上炖5分钟至黄鳝酥熟，改用中火烧约1分钟，撇去汤末，加入葱段、味精、胡椒粉，装入煲内即成。

特点： 此菜黄鳝滑嫩、鲜美，汤纯味厚，清香四溢，是夏季传统时菜。

黄豆炖猪脚
HUANGDOUDUNZHUJIAO

原料： 黄豆(泡好的) 150克、鲜猪脚500克、葱结5克、生姜5克、黄酒5毫升、高汤1000毫升、盐8克、味精5克、胡椒粉1克。

制法： 1. 黄豆在水中浸泡12小时，上笼蒸酥待用。

2. 鲜猪脚洗净，剁成块，起锅煸炒葱姜及猪脚，加入高汤、黄酒、盐，用小火炖1小时，加入黄豆再炖20分钟，放味精、胡椒粉调味，最后放葱段点缀即成。

特点： 黄豆酥烂，猪脚软糯，营养丰富。

虾皮拌海带
XIAPIBANHAIDAI

原料：鲜海带180克,虾皮30克,葱白10克,花椒干、辣椒适量,米醋5毫升,食盐1.5克,味精2克,麻油10毫升。

制法：1. 海带焯水后用冰水或冷水浸凉,改刀成丝。虾皮入油锅炸至金黄。花椒干、辣椒用油熬制好,装入碗内。

2. 用盐、味精将海带丝拌匀后,加入炸好的虾皮、葱白、椒麻油、米醋,快速拌匀即可。

特点：松脆,鲜美,爽口。

小贴士

海带焯水时间要短,要用冰水或冷水浸凉,保持它的脆感。

节令点心：灶君糕、东坡麻糍

旧时杭州有小暑"谢灶"的习俗，要食用炒豆、麦糕、米团、饴糖等，民间有食灶君糕的风俗。"老妇之祭七千年，灶君最重食民天。天下平安家家户，新麦蒸糕争品鲜"，说的就是杭州城里家家户户蒸灶君糕的情景。

灶 君 糕
ZAOJUNGAO

原料： 大红袍赤豆500克、低筋面粉500克、绵白糖300克、干酵母10克、发酵粉10克、熟猪油50毫升、食盐2克。

制法： 1. 大红袍赤豆捡去沙子，淘洗净，放锅内煮酥。

2. 煮酥的熟赤豆放入电榨机打成豆茸。面粉倒在案板上，中间扒个窝，放进干酵母、绵白糖、熟猪油、食盐，再放进熟豆茸，用手擦至发酵原料溶化，撒上发酵粉拌匀，揉成光滑软面团。

3. 蒸笼内垫上玻璃纸，刷上油，放进发酵软面团，抹平，醒发后放进蒸笼，用蒸汽蒸30分钟，凉后切成长方形块装盘。

特点： 入口松软，豆香浓郁。

东坡麻糍
DONGPOMACI

原料：糯米粉350克、黏米粉150克、黄豆500克、生猪板油250克、黑麻酱220克、绵白糖450克。

制法：1. 黄豆择去泥沙杂质、淘洗干净后，沥干水分，放入锅内炒熟（或放入烤箱烤熟，烤箱温度底火210℃、面火260℃，烘烤时要翻动，不能焦），再磨成粉。

2. 生板油洗净，放入冰箱冻硬，取出后去膜，切块放入绞肉机绞成末。把生猪板油末倒入搅拌机，加入黑芝麻酱、绵白糖搅拌均匀，成麻心馅。

3. 两种米粉盛入盆内，加清水拌匀，揉成粉团，取剂捏成碗形，包入馅心，收口捏紧，搓圆摆入蒸笼内，上蒸汽蒸7分钟即可。

4. 蒸熟的东坡麻糍马上放入黄豆粉内滚至均匀，装入纸杯，摆入盘中即可。

特点：香味扑鼻，入口软糯。

 饮食养生

"调脾去湿，解热除烦。"民间度过伏天的方法，就是吃消暑食品。俗话说："头伏火腿二伏鸡，三伏吃只金银蹄"，这种吃法便是为了使身体多出汗，排出体内的各种毒素。同时也要注意及时补水，平时就要勤喝水，不要等到渴了再去喝水。还可煮一些绿豆汤、莲子汤、酸梅汤等饮用，有利于清热解毒。

[卤鸭童子鸡，大暑补身体]

12 大暑篇

大暑：7月22—24日 腐草化为萤、土润溽暑、大雨时行

　　"乾坤大暑似蒸坊，垅热风炎鸟兽藏。"大暑是一年中最热的时节，也是萤火虫最活跃的季节。芦苇下、草丛中都是萤火虫的发祥地，只要有绿草、露水的地方，夜晚便可见到那忽明忽暗的点点绿光，就像天上的星，闪闪飞舞，在徐徐的风中，伴随着人们度过漫漫长夜。这时闷热潮湿，时常有大的雷雨天气出现。

 节令菜肴：卤鸭、荷塘小炒、菜头鞭笋河虾汤、叫花童子鸡

　　民间有谚曰"大暑大暑，上蒸下煮"，作为一年中天气最热的时节，人们工作劳动时会出大量的汗，容易水分流失，因此饮食上我们要注意补充钠、钾，多食用一些含有以上元素的食物。咸鲜开胃的菜头鞭笋河虾汤既有营养，又能补充人体流失的微量元素，成为人们暑天常用的家常菜汤。这时的莲藕刚刚成熟，鲜嫩爽脆，也是人们补充水分的选择。而大暑时节民间传统的进补方法，就是吃卤鸭、童子鸡。老话说"卤鸭童子鸡，大暑补身体"，就是大暑节令的最佳食单。

卤　鸭

LUYA

原料： 宰净草鸭1只(约重1250克)、桂皮3克、姜5克、葱15克、酱油350毫升、白糖250
克、绍酒50毫升。

制法： 1. 将鸭子洗净，沥干水分；葱切成段，姜拍松，桂皮掰成小块，待用。

2. 锅洗净，放入白糖125克及酱油、绍酒、桂皮、葱、姜，加清水750毫升烧沸，
将鸭入锅，在中火上煮沸后撇去浮油，卤煮至七成熟，再加白糖125克，继续
煮至原汁色泽红亮稠浓，拿手勺不断地把卤汁淋浇在鸭身上，然后将鸭起
锅。冷却后，斩成小条块装盘，临食前浇上卤汁即可。

特点： 制卤简便，烹制入味。色泽红润光亮，卤汁稠浓醇口，鸭肉鲜嫩香甜。

小贴士

卤鸭烧制时，适时转动锅子可防止鸭子粘底。

荷塘小炒
HETANGXIAOCHAO

原料： 嫩藕200克，莲子50克，水菱50克，青、红椒片各10克，盐、味精、湿淀粉、色拉油少许。

制法： 1. 将嫩藕洗净，去皮，一开六，切成厚1厘米的片。莲子去心，青、红椒切菱形片。

2. 将水菱、莲子焯水后冷却。锅烧热，下色拉油至六成熟，下藕片、莲子、青红椒、水菱，至七成熟，锅内加少许水调味，下原料勾芡，装盘。若加入少量虾仁，则味更佳。

特点： 鲜嫩爽脆，色泽雅丽，为夏季时菜。

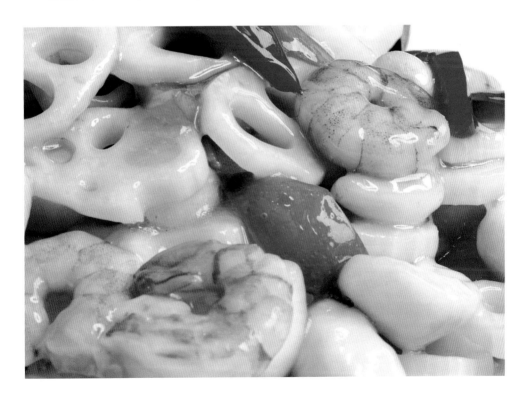

菜头鞭笋河虾汤
CAITOUBIANSUNHEXIATANG

原料： 河虾200克、鞭笋100克、干菜头25克、姜片5克、盐3克、胡椒粉2克、黄酒3毫升。

制法： 1. 河虾洗净；鞭笋取净，切成厚片；干菜头用刀拍裂，待用。

2. 取汤锅，加入清水，待沸起后投入干菜头和鞭笋，大火沸滚约10分钟，再投入河虾、姜片、盐、胡椒粉、黄酒，煮2分钟，撇清汤汁即成。

特点： 咸鲜开胃，清鲜爽口。

叫花童子鸡
JIAOHUATONGZIJI

原料： 嫩母鸡1只(约重1500克)、猪腿肉(肥瘦相间)75克、熟猪油25毫升、京葱(或小葱)100克、精盐2克、姜丝5克、味精2.5克、五香粉5克、酱油35毫升、酒坛泥3500克、白糖10克、粗盐75克、鲜荷叶2.5大张、透明纸1大张、花椒盐10克、细麻绳4米、葱段5克、绍酒75毫升。

制法： 1. 将母鸡宰杀，洗净，剁去鸡爪，取出鸡翅主骨和腿骨，用刀背将翅尖轻剁几下，再在鸡腿内侧竖割一刀(使调料能渗入鸡肉)。鸡颈根部用刀背轻敲几下，将颈骨折断(皮面不能破)，便于烤煨时包扎。

2. 绍酒50毫升、五香粉5克、酱油25毫升、白糖、精盐1.5克、葱段、姜丝拌匀，将鸡放入腌15分钟。

3. 将猪腿肉、京葱切成丝，炒锅置旺火上烧热，用油滑锅后，下熟猪油25毫升，放入葱丝、肉丝煸透，加绍酒25毫升、酱油10毫升、精盐0.5克、味精2.5克，炒熟装盘，待用。

4. 先将炒熟的辅料用竹筷从鸡刀口处填入鸡腹，再将腌鸡的卤汁一起灌入，把鸡头紧贴胸部扳到鸡腿中间，再把鸡腿扳到胸部，两翅翻下使之抱住颈和腿，然后用猪网油包裹鸡身，先用1.5张荷叶包裹，第二层包1张透明纸(不使卤汁渗出)，再包1张荷叶，接着用麻绳在外面先捆两道十字形，然后像缠绒线团那样平整地捆扎成鸭蛋形。

5. 将酒坛泥砸成粉状，加入绍酒75毫升、粗盐75克和水500毫升搞韧，平摊在湿布上，把包扎好的鸡放在泥中间，将湿布四角提起，让泥裹紧鸡身，用手沾水拍打湿布四周，使泥牢固地贴在麻绳上(涂泥厚约2.5厘米，要求厚薄均匀，以免出现煨焦或不熟的现象)，以防煨烤时泥土脱落，然后除掉湿布。

6. 先用220°C高温，将泥团中鸡身逼熟，40分钟后，将温度调至160°C左右，持续烘烤3—4小时，即可熟烂。

7. 将煨好的叫化鸡泥团放在盘内，敲开泥团，里面浓缩的香气即四溢扑鼻，增添食趣。然后去掉荷叶等包裹物，将鸡和汁卤倒入备好的腰盘，端上餐桌。随带花椒盐供蘸食。

特点： 文火煨烤，原汁不走，鸡肉酥嫩，醇香味美，别具风味。

节令点心：凉粉卷、槐叶冷淘

大暑是一年中最热的时候,杭城街头不时有小贩叫卖凉粉、鲜果、瓜、藕、芥辣、索粉等爽口食物。凉粉卷、槐叶冷淘都是人们度夏消暑的节令佳点。"清爽凉粉暑气消,三伏不惧炎阳烧。一股芬芳荡五脏,每年此时索呼要。"

凉粉卷
LIANGFENJUAN

原料： 澄粉250克、淀粉50克、糯米粉50克、季节笋丝100克、胡萝卜丝50克、芹菜丝50克、鸡蛋丝100克、精盐5克、味精2克、鸡精1克、色拉油25毫升、熟猪油3毫升、胡椒粉少许。

制法： 1. 澄粉、淀粉、糯米粉盛入盆内,不锈钢锅内放入清水,上火烧滚,倒入粉料,用小面棒搅均匀,倒在案板上,加少量熟猪油(3毫升),搋成光滑面团。

2. 鸡蛋去壳,盛入碗内,打成蛋液。不粘锅上火烧热,用少量色拉油抹锅,倒入蛋液,摊成蛋皮,切成丝。笋丝、芹菜丝、胡萝卜丝用沸水焯一下捞起,锅内加入油煸炒,加入调味品同炒,盛入盘内备用。

3. 烫熟粉团搓条摘剂,擀成薄皮,包上馅心,制成长8厘米的卷,收口用蛋糊粘紧即可。包好的生坯放入蒸笼内,上蒸汽蒸5分钟,装盘。

特点： 糯软有劲,馅料爽口,色泽光亮。

槐叶冷淘
HUAIYELENGTAO

原料：面粉500克、菠菜500克、碱水5毫升、油25毫升、姜5克、蒜5克、葱5克、酱油50毫升。

制法：1. 菠菜榨汁待用。

2. 面粉加清水、碱水、菠菜汁,和成面团,稍饧。

3. 将面团反复擀制成薄皮,切成面条。

4. 将面条下入开水锅,煮熟后捞出,炒锅内放入油,投入姜、葱、蒜煸透,加糖、酱油、清水制成调料,浇在面条上即成。

特点：色泽碧绿,口味滑爽。

饮食养生

　　"防暑降温,冬病夏治。"大暑期间,人们工作劳动时会出大量的汗,通常人们会饮用盐开水来补充流失的钠,但往往忽略了同时流失的钾,因此饮食上我们应多食用一些含有钾元素的食物,如黄豆、绿豆、香菜、水芹菜、玉米、红薯、鸡肉、鲤鱼等。高温天气人体自身消耗较大,应适当吃些瘦肉、鸡蛋或者喝些牛奶,以补充足够的蛋白质。

13

头伏火腿二伏鸡，
三伏吃只金银蹄

立 秋 篇

立秋：8月7—9日 凉风至、白露降、寒蝉鸣

　　立秋后，天气逐渐转凉，农谚有"立秋一日，水冷三分"之说。这时凉风习习，清晨薄雾笼罩，时日无多的寒蝉开始凄婉地鸣叫。"未觉池塘春草梦，阶前梧叶已秋声。"立秋意味着秋天的开始，过了立秋，梧桐树开始纷纷落叶，满地金黄，因此才有"落一叶而知秋"的成语。

 节令菜肴：金银蹄、东坡肉、煎藕夹、拍菜瓜

　　秋风一起，人们胃口大开，开始增加营养，补充夏天的损失。江浙民俗在立秋这天要食各种各样的肉，"以肉贴膘"即"贴秋膘"。又因立秋正值三伏时节，所以老话有"头伏火腿二伏鸡，三伏吃只金银蹄"的说法，金银蹄、东坡肉就成为杭州立秋节令的代表菜肴。而此时菜瓜、藕大量应市，脆嫩清鲜，也成了人们餐桌上的美食。

金银蹄
JINYINTI

原料： 猪蹄髈(肘子)750克、火踵250克、葱2根、绿蔬菜50克、绍酒10毫升、精盐1克、味精1克、姜1小块。

制法： 1. 将火踵、猪蹄髈刮净余毛，放在开水锅中煮3分钟，取出洗净。

2. 取砂锅1只，用蒸架垫底，放入火踵，加入绍酒，下清水1000毫升，先置旺火上烧沸，再改用微火炖，待火踵三成熟时，将猪蹄髈放入，加葱、姜块，至七成熟时去掉葱、姜，捞出火踵，去骨，再放入锅中烧10分钟，取出冷却后对剖开，横切成约1厘米厚的片，放入盆中压实，上笼蒸酥熟，待用。

3. 待猪蹄髈煮至酥糯时，在汤汁中加入精盐、味精，出锅盛入荷叶碗中，缀上烫熟的绿蔬菜，盖上火踵即成。

特点： 此菜鲜、咸同炖，双蹄酥糯，汁稠味醇，营养丰富，是冬夏皆宜的滋补佳肴。

小贴士

火踵和蹄髈在加酒的水中烧煮能除去骚味。

东坡肉
DONGPOROU

原料: 生净猪五花条肉1200克、姜片75克、白糖100克、绍酒250毫升、酱油150毫升、小葱50克。

制法: 1. 选用皮薄肉厚的猪五花条肉(以金华"两头乌"猪为佳),刮净皮上余毛,用温水洗净,放入沸水锅内约汆8分钟,煮出血水,洗净,切成正方块(每块约重75克)。

2. 取大砂锅1只,用小蒸架垫底,先铺上葱、姜块,然后将猪肉(皮朝下)整齐地排在上面,加白糖、酱油、绍酒、清水,再加葱结,盖上锅盖,用旺火烧开后密封边缝,改用微火焖2小时左右,至肉八成熟时,启盖,将肉块翻身(皮朝上),再加盖密封,继续用微火焖酥。然后将砂锅端离火口,撇去浮油,用桃花纸条密封四周,上笼用旺火蒸半小时左右,至肉酥透即成。

特点: 此菜色泽红亮,味醇汁浓,酥烂而形不碎,香糯而不腻口,是杭州风味名菜之一。

煎藕夹
JIANOUJIA

原料： 藕250克、猪肉末100克、葱末20克、姜末10克、盐4克、料酒5毫升、淀粉适量、鸡蛋3只、花生油50毫升。

制法： 1. 藕去皮洗净，切成片，待用。

2. 鸡蛋打散，调入淀粉，待用。

3. 肉末加入盐、料酒、葱末、姜末，搅打上劲，分别酿入藕片中，待用。

4. 炒锅置旺火上，烧热花生油，将藕片挂上蛋液后投入锅中，小火煎至两面金黄即可。

特点： 色泽诱人，香酥可口，味美鲜润。

拍菜瓜
PAICAIGUA

原料：菜瓜300克、皮蛋50克、大蒜子5克、香菜5克、酱油3毫升、盐1克、味精2克、米醋5毫升、麻油10毫升。

制法：1. 菜瓜洗净，用刀轻轻拍打至裂开后，切成小段。皮蛋蒸熟后切成块，香菜切成寸段，大蒜子拍碎成大粒。

2. 将菜瓜用盐、味精拌至入味后，沥去水分，加入皮蛋丁、大蒜粒、麻油、米醋、香菜、酱油，快速拌匀即可。

特点：鲜翠清香，开胃提神。

节令点心：立秋包、清风饭

我国民间对立秋节令非常重视，有"贴秋膘"和"咬秋"的习俗。"立秋传统要抓膘，百姓传说知味包。五充五益五福全，一心一意一见效。"故立秋的时令点心也与肉食有关，有立秋包等。

立秋包
LIQIUBAO

原料： 低筋面粉125克、高筋面粉125克、干酵母3克、发酵粉3克、绵白糖15克、熟猪油20毫升、青菜500克、香菇50克、熟笋100克、豆腐干2块、面筋50克、色拉油50毫升、麻油25毫升、味精5克、胡椒粉1克、精盐10克。

制法： 1. 面筋用沸水泡软，捞起挤干，切丁，放入锅内，用色拉油炸一下。其他菜料在沸水锅内烫煮一会，切成细粒，沥干水分，盛入盆内，加入调味料拌至均匀，再加熟色拉油、麻油拌匀即可。

2. 把两种面粉倒在案板上，中间扒个窝，放入干酵母、绵白糖、熟猪油、精盐，倒入清水，搅拌至溶化，拌匀，撒上发酵粉，揉成面团，放入轧面机轧至光滑后，搓条、摘剂、擀皮，包上馅心，捏成均匀褶纹，呈树叶形摆在蒸笼内，上蒸汽蒸8分钟即可。

特点： 馅料鲜香，软嫩适口。

清风饭
QINGFENGFAN

原料：糯米250克、桂圆粉50克、牛酪浆50克、龙脑树胶(冰片)1克、冰糖30克。

制法：1. 糯米洗净，浸泡5小时后上笼蒸熟。

2. 糯米饭放入锅中，加入桂圆粉、冰片、牛酪浆、冰糖和适量水，搅匀烧开。

3. 盛入洁净平底盘中，凉后放入冰箱，需食用时切片，装盘即可。

特点：口感奇异，消暑佳点。

饮食养生

　　"万物始收，养阴润肺。"刚入秋时应选择口味清淡、润肺养血的食物，以养护阴气。如老年人、胃肠较弱者可以在早上喝点粥，既易于消化，也可益骨生津。秋季养生在于"养收"，吃些祛燥补气食品，要注意把握"少辛增酸"的原则。少吃葱、姜、蒜、韭菜、辣椒等辛味食物，多吃山楂、橄榄、葡萄、苹果等酸味食物。另外还要特别注意"秋瓜坏肚"。

处暑暑消尽，
鸡汤白菜补身心

处暑篇

处暑：8月22—24日 鹰乃祭鸟、天地始肃、禾乃登

　　处暑意味着暑天即将结束，虽然这时"秋老虎"的威力依然很大，但"一场秋雨一场寒"，高温的天气已经时日无多了。这时老鹰开始大量捕猎鸟类，天地间万物开始凋零，五谷作物逐渐成熟，成语"望秋先零"就源自于此。

 节令菜肴：鸡汤小白菜、山楂爆大虾、琉璃大枣、火腿刀豆

　　经过炎热的夏季，我们身体中消耗的能量非常多，而营养相对缺乏，处暑时节就可适当进些平补之物，通过润肺养肾来给自己补充气血，保持精力旺盛，但不宜大补。民间相传"处暑暑消尽，鸡汤白菜补身心"，一道简单的鸡汤小白菜就成了处暑时节的滋补菜肴。同样，大枣、虾营养丰富，大枣有"维生素王"之称，虾更是全身是宝，都有补气血的功效，也是处暑时节宜于食用的食物。经过一个夏季的生长，刀豆刚刚成熟，时鲜的火腿刀豆正是处暑时令佳肴。

鸡汤小白菜
JITANGXIAOBAICAI

原料：老母鸡汤600毫升、小白菜350克、盐6克、胡椒粉2克、黄酒2毫升。

制法：1. 小白菜洗净，去除外叶，取芯待用。

2. 锅置旺火上，加入老母鸡汤，待汤沸起后下入小白菜、黄酒，再沸后撇除浮沫，加入盐、胡椒粉，起锅装碗即成。

特点：汤清菜翠，时令家珍。

山楂爆大虾
SHANZHABAODAXIA

原料：明虾250克、鲜山楂15克、黄酒10毫升、姜片5克、葱段5克、玫瑰米醋 15毫
　　　升、麻油15毫升、酱油15毫升、白糖20克。

制法：1. 明虾剪须，虾肚开刀；鲜山楂切成0.3厘米的厚片（去籽）。

　　　2. 把黄酒、米醋、白糖、酱油、麻油放入小碗，调成汁待用。

　　　3. 起油锅，油温控制在180℃左右，明虾入油锅炸10秒钟，至外壳酥脆捞出。

　　　4. 锅内留油少许，葱段、姜片、山楂炝锅，烹入调好的汁，放入明虾，小火略收
　　　　 即成。

特点：果香味浓，酸甜可口。

小 贴 士

虾在高油温下炸制，以虾壳爆开为宜。

琉璃大枣
LIULIDAZAO

原料: 大红枣100克、糯米粉75克、白糖100克、干桂花5克。

制法: 1. 将大红枣洗净,清水泡涨,去核待用。

2. 糯米粉加水拌匀,捏成小团,塞入红枣中。

3. 将红枣上笼,蒸熟,待用。

4. 锅置火上,加入白糖,用手勺不断推炒,待糖溶化起泡,即起锅,将糖浆淋在红枣上,冷却后撒上干桂花即成。

特点: 色泽红亮,外脆里糯。

火腿刀豆
HUOTUIDAODOU

原料： 熟火腿上方75克、鲜嫩刀豆300克、白汤100毫升、白糖10克、精盐2克、湿淀粉10毫升、熟猪油25毫升、鸡油10毫升。

制法： 1. 将刀豆取净，切成菱形条，入沸水略焯。熟火腿切成0.3厘米厚、1厘米见方的丁。

2. 锅置中火上烧热，下猪油，至油温150℃时，将刀豆倒入，约煸20秒钟，把火腿丁下锅，随即放入白汤，加白糖和精盐，烧1分钟，用湿淀粉调稀勾芡，颠动炒锅，淋上鸡油，盛入盘内即成。

特点： 红绿相间，色泽鲜艳，清香鲜嫩，回味甘甜。

节令点心：莲蓬盏、三鲜碧子团

处暑时令又逢中元节，有"七月中元接祖宗，西瓜老藕瞎莲蓬"的民谚，杭州民俗有食素馔、馄饨、米饭、茶点、瓜藕、莲蓬等。莲蓬盏就是颇有代表性的节令点心，有诗赞曰："清水莲花处暑发，香飘湖岸万人家。莲蓬盆盆白玉籽，绿染餐桌映红霞。"

莲 蓬 盏
LIANPENGZHAN

原料：藕粉250克、冰糖250克、清水
　　　1000毫升、莲子150克、红枣200克。

制法：1. 清水600毫升、冰糖250克放入不锈钢锅，上火煮熟成糖水，凉冷后备用。

　　　2. 莲子和红枣洗净，上蒸笼蒸至酥熟。

　　　3. 藕粉盛入大碗内，加入冷糖水，用筷子搅匀，再以烧滚的沸水冲入藕粉浆中，快速搅匀成藕糊。

　　　4. 熟藕粉糊用勺盛入小碗，上面中心部位嵌5枚熟莲子，形状似莲蓬状，再摆4个半颗的熟红枣点缀即成。

特点：晶莹别透，清新爽口。

三鲜碧子团
SANXIANBIZITUAN

原料： 糯米粉500克，菠菜汁400毫升，熟鸡丝50克，熟火腿丝50克，水发香菇50克，河虾仁250克，肥膘猪肉75克，麻油2毫升，绍酒10毫升，姜末2克，胡椒粉1克，清鸡汤、精盐、味精少许。

制法： 1. 鲜河虾仁洗净、沥干，加盐搅匀，再加入干生粉，向一个方向搅打上劲，放入冰箱，凝固4小时，取出用清水冲去生粉，沥干水分，切成小丁，盛入盆内，加入肥膘猪肉末、精盐、味精、姜末、绍酒、胡椒粉搅拌上劲，最后加麻油拌匀，成虾仁馅心。

2. 取少量糯米粉，加清水和匀，放入沸水锅内煮熟，捞出备用。

3. 糯米粉盛入盆内，倒入菠菜汁搅匀，揉至光滑粉团，摘剂，每个剂子包入馅心，制成一只只小巧玲珑的翡翠橄榄形小团。

4. 锅内加入清鸡汤，滚起用勺撇去泡沫，加入精盐、味精、鸡丝、火腿丝、香菇丝、少许熟猪油，盛入碗内。

5. 再把做好的橄榄小团生坯放入沸水锅内煮，煮时加冷水3次，等煮熟后盛入三丝鸡汤碗中即可。

特点： 糯滑鲜香，汤清味美。

饮食养生

"润肺养肾，相得益彰。"处暑时节在饮食上可多吃点银耳、百合、莲子、蜂蜜、糯米、奶类等清润食品以及梨等新鲜水果，要少食苦瓜、羊肉、杏、野蒜等苦燥之物。另外，在处暑时节可适当吃些补品，但不宜大补，最好选用平补之物。

15

最忆江南白露日，鲜菱仔鸡入馔时

白 露 篇

白露：9月7—9日 鸿雁来、玄鸟归、群鸟养羞

　　白露时节，人们会明显地感觉到炎热的夏天结束了，凉爽的秋天已经到来。唐人刘禹锡在诗中写道："何处秋风至，萧萧送雁群。"此时，大雁、燕子等候鸟纷纷飞往南方避寒，其他鸟类也开始储存干果粮食以备过冬。白露是天气转凉的标志，民谚有"白露秋分夜，一夜冷一夜"的说法。

 节令菜肴:鲜菱仔鸡、虾茸煎豇豆、三椒干果海参

　　白露节令秋意渐浓,是各种果实丰收的季节,南湖菱也在这时生长成熟。浙北一带有南湖菱烧仔鸡的食俗,民谚"最忆江南白露日,鲜菱仔鸡入馔时",说的就是这道时令佳肴——鲜菱仔鸡。白露时令丰富的干果为创新时菜提供了广阔的天地,三椒干果海参就是用滋补营养的海参,配以白露时节的干果,成菜色彩鲜艳、富有营养。另外,这时的豇豆口感最好、最宜食用,我们把虾茸煎豇豆推荐给大家,作为白露时令的家常菜。

鲜菱仔鸡
XIANLINGZIJI

原料： 去骨嫩鸡肉250克、南湖菱100克、水发香菇25克、葱段10克、精盐1.5克、味精1.5克、米醋2毫升、湿淀粉35毫升、绍酒10毫升、酱油20毫升、白糖10克、芝麻油15毫升、色拉油750毫升(约耗75毫升)。

制法： 1. 将鸡肉皮朝下,交叉排斩几下(刀深为鸡肉的2/3),切成1.3厘米见方的块,盛入碗,加精盐,用湿淀粉25毫升调稀搅匀。南湖菱去皮,香菇批切成小块。

2. 把绍酒、酱油、白糖、米醋、味精用湿淀粉10毫升调成芡汁待用。

3. 炒锅置中火上烧热,用油滑锅后下色拉油,至130℃—140℃时,下入鸡肉,用筷划散,约20秒钟后倒入漏勺。

4. 锅内留油15毫升,放入葱段,煸至有香味,把鸡肉、南湖菱、香菇入锅,将调好的芡汁加水25毫升搅匀倒入,浇色拉油10毫升,迅速颠锅,煸炒均匀,淋上芝麻油,出锅装盘即成。

特点： 南湖菱营养丰富,鲜美可口,与嫩鸡肉同炒,其味更佳。

 小贴士

去壳鲜菱浸泡在加入少许白醋的清水中,菱肉不易发黑。

虾茸煎豇豆
XIARONGJIANJIANGDOU

原料：长豇豆350克、河虾仁80克、色拉油80毫升、盐3克、绍酒10毫升、生粉4克、姜末3克、酱油3毫升。

制法：1. 长豇豆洗净焯水，用手盘成一个个圆形结。

2. 河虾仁排剁成茸，加入盐、绍酒、生粉搅打上劲，分别酿入豇豆圆结的中间。

3. 炒锅置旺火上加入色拉油，待油温升至125℃时下入酿好的豆结，用小火两面煎熟，再下入绍酒、盐、酱油、清水，改中火略收即成。

特点：翠嫩鲜爽，清香入味。

三椒干果海参
SANJIAOGANGUOHAISHEN

原料：海参300克，青、红、黄椒(大小约高10厘米、直径8厘米)各1个，小杭椒200克，猪肉20克，香菇20克，笋20克，熟猪油、黄豆酱、酱油、味精、胡椒粉、湿淀粉、蒜泥、姜末、高汤、香油、干果粒适量。

制法：1. 海参切2厘米见方的丁，青、红、黄椒用刻刀雕成桶状，小杭椒切2厘米的段，猪肉、香菇、笋切末。

2. 锅置中火上烧热，下色拉油，至油温150℃时，把杭椒过油，后加盐、味精略炒，平铺在盘里，然后锅中加水，烧开后把彩椒放进，焯热摆在盘里。

3. 锅烧热，下猪油，煸炒肉末、香菇、笋丁、蒜泥、姜末、黄豆酱，煸香后，下海参，烹入绍酒、酱油、白糖、味精、胡椒粉，加高汤半勺，小火收3分钟后，用湿淀粉勾芡，淋上香油，出锅装在彩椒里，撒上干果。

特点：海参鲜糯味美，卤汁稠浓，酱香浓郁，造型美观。

节令点心：中秋月饼、巨胜奴

白露过后就是我国传统佳节中秋节。中秋节又称"团圆节"，人们在这一天要拜月、吃月饼，以取团圆之意。"中秋月饼庆团圆，果香花好乐婵娟。人生事事都如意，嫦娥玉兔羡人间。"

中秋月饼
ZHONGQIUYUEBING

原料： 低筋面粉500克、熟冻猪油125克、沸水110毫升、饴糖50克、色拉油50毫升、去衣熟核桃仁350克、熟低筋面粉50克、熟芝麻粉50克、绵白糖250克、精盐8克、熟花生米75克、生板油末350克、花生酱25克。

制法： 1. 生板油去膜、绞成末，面粉烤熟，芝麻烤熟、擀成粉，花生烤熟、去衣、擀成末，盛入盆内，加入绵白糖、花生酱、精盐拌匀，再分成每份20克。

2. 将面粉250克和入熟冻猪油15克拌匀，擦至均匀，做成酥面团。

3. 再将面粉250克加入沸水110毫升，饴糖放入沸水中溶化，等烫面凉冷后，加入色拉油搅匀，用双手揉透成水油面团，盖好湿布，放置10分钟。

4. 水油面包入干油酥压平，用面杖擀薄，自外向里卷成筒形条，双手搓匀，摘成25克重的剂子，每个剂子用手掌压成厚皮，用擀面杖擀成圆坯，每张放入椒盐馅1份，收口捏紧，用手掌压成月饼形，收口处盖上白纸，光面朝下放入烤盘，烤箱温度下火230℃、面火280℃，烤制18分钟后取出。

特点： 此饼呈金黄色，酥层明显，外松酥里香甜，油而不腻。

巨 胜 奴
JUSHENGNU

原料： 中筋面粉500克、盐10克、碱粉5克。

制法： 1. 面粉加盐、碱粉、清水和成面团，稍饧。

2. 将面团拉成长条，反复向不同方向抻拉，至面团具有充分韧性后出条，拉成细如发丝的龙须面生坯。

3. 将生坯下大油锅，稍炸片刻，捞出装盘。

特点： 细如发丝，形态美观，融艺术性和食用性于一体。

 饮食养生

　　"养阴祛邪，远离悲秋。"白露养生主要以养阴为主，养阴又是防秋燥的关键。"秋食早粥"是养生专家提倡的一种养生方法，白露时节宜喝粥。针对这时人们脾胃虚弱、消化差的状况，有补养作用的粥对健康大有裨益，做粥的大米、糯米等主料可以健脾胃、补中气。

16

秋分板栗上，栗子焖肉香

秋 分 篇

秋分：9月22—24日　雷始收声、蛰虫培户、水始涸

　　秋分这天太阳直射赤道，昼夜均分。古人认为雷是因为阳气盛而发声，秋分后阴气日渐旺盛，所以不再打雷了。一些春天出土活动的小虫，在秋分过后会陆陆续续回到土里，准备过冬。河水也开始干涸，空气越来越干燥了，可谓"树树秋声，山山寒色"。秋分后就进入了真正的秋季。

 节令菜肴：栗子焖肉、栗子焖冬菇、南肉蒸湖蟹

　　秋分时节,杭州民间素有食栗的习俗,满城都是糖炒栗子香味。而菜肴也多以栗子为主,如栗子焖肉、栗子炒子鸡、栗子焖冬菇等,有"秋分板栗上,栗子焖肉香"之说。栗子焖肉因此成为杭州秋分节令的代表菜肴。"秋风起,蟹脚痒",这时湖蟹已经成熟,雌蟹(即团脐)黄满肉厚,正是品尝的好时节。杭州风味的南肉蒸湖蟹可以让人大快朵颐,一饱口福。

栗子焖肉
LIZIMENROU

原料: 栗子300克、猪五花肉600克、酱油20毫升、绍酒30毫升、白糖15克、味精2克、葱5克、姜7克。

制法: 1. 猪五花肉去毛洗净,切成直径约2.5厘米的方块,入沸水锅焯水,捞出洗净,待用。

2. 栗子横割一刀(深至栗肉的3/5),放入沸水煮至壳裂,捞出剥壳去膜。

3. 锅中放入小竹架,架上铺葱、姜,再放入肉和栗子,加入绍酒、酱油、糖、清水。先用旺火煮沸,再改用小火焖烧1小时,待卤汁收浓,加入味精,出锅即成。

特点: 肉酥汁浓,栗香味美,是中秋前后的时令佳肴。

带壳板栗先在壳上横切一刀,再用开水略煮,更易去壳。

栗子焖冬菇
LIZIMENDONGGU

原料：水发冬菇100克、栗子200克、湿淀粉10毫升、酱油20毫升、芝麻油10毫升、白糖10克、熟菜油40毫升、味精2克、高汤300毫升。

制法：1. 冬菇去蒂洗净；栗子横割一刀（深至栗肉的4/5），放入沸水，煮至壳裂，用漏勺捞出，剥壳去膜。

2. 炒锅置旺火上烧热，下菜油，倒入栗子、冬菇略煸炒，加酱油、白糖和高汤，小火焖烧约20分钟，放入味精，用湿淀粉调稀勾芡，淋上芝麻油，起锅装盘。

特点：色泽红亮，酥糯可口，咸鲜适宜。

南肉蒸湖蟹
NANROUZHENGHUXIE

原料： 湖蟹3只、葱20克、熟咸肉50克、姜10克、花雕酒25毫升、姜末醋1碟、清汤50毫升。

制法： 1. 将湖蟹洗净，一切为二，斩去脚尖，咸肉切成0.5厘米宽的条。

2. 取深盘，将湖蟹摆在盘里，上面均匀地撒上咸肉条，放花雕酒、葱姜片、清汤，放入蒸笼，旺火蒸10分钟，取出，放上香菜点缀，即可。上菜时随带姜末醋1碟。

特点： 蟹肥酒香，鲜醇味浓。

节令点心：桂花栗子羹、蟹黄馎饦

秋分时节是食栗的季节，因此，秋分时令点心也以栗子为主。桂花栗子羹成了最有代表性的时令点心。"尊亲养老宜男丁，天子美食栗子羹。秋分时节最妙馔，老少欢喜呼连声。"

桂花栗子羹
GUIHUALIZIGENG

原料： 鲜嫩栗500克、青梅片15克、桂花干2克、干玫瑰花瓣少许、湿西湖藕粉100毫升、冰糖125克。

制法： 1. 嫩栗子洗净，用刀横剖开，不能剖断。入锅加水(水浸没栗子)，旺火煮至七成熟时，剥去栗壳和内膜。

2. 栗肉切成片状，青梅批成薄片。

3. 不锈钢锅洗净，加入清水，倒入栗片、白糖，烧开滚片刻。锅离火后，用藕粉浆水勾芡，把原锅放回火上，滚起，用炒勺摊至均匀，盛入小碗内，面上撒上桂花干，再放青梅薄片、干玫瑰花瓣点缀即可。

特点： 晶莹透明，色彩美观，味甜爽口，别有风味。

蟹黄饼饧
XIEHUANGBILUO

原料：面粉150克、蟹黄25克、蟹肉25克、鸡肉50克、盐2克、黄酒50毫升、香油15毫
升、葱25克、姜25克。

制法：1. 面粉加开水和成面团，稍饧。

2. 鸡肉、蟹肉切成米粒大小，葱姜切末，与蟹黄一起下油锅炒制，加入调味
料，制成馅料。

3. 面团搓条、摘剂、擀成荷叶花边，包入馅心，制成饼饧生坯。

4. 上蒸笼蒸熟即可。

特点：造型美观，蟹香味美。

 饮食养生

　　"秋高气爽，调和阴阳。"秋分饮食要从阴阳平衡入手，着重营养均衡。首先
要做到不挑食、保证食物的多样化和营养的均衡摄入；其次是合理安排一日三
餐，做到早吃好、午吃饱、晚吃少，适当调配。另外，秋季蟹肉肥美，但要小心食
用，不要贪多。

17

九月团脐十月尖，寒露争吃大闸蟹

寒露篇

寒露：10月8—9日　鸿雁来宾、雀攻大水为蛤、菊有黄花

"木落雁南渡，北风江上寒。"寒露节气已是深秋时节，大地一片萧瑟的景象，寒气逼人。天空中，鸿雁排成人字形的队列大举南迁，叽叽喳喳的雀鸟不见了踪迹，只能见到与雀鸟花纹相似的蛤蜊。此时菊花盛开，为除秋燥，很多地方有饮"菊花酒"的习俗。这一习俗与重阳登高一起，成为我国的传统习俗。

 节令菜肴：清水大闸蟹、盐焗白果、蟹酿橙、拔丝桂花蜜橘

寒露时节天气由凉转寒，气候干燥、昼热夜凉，饮食上要注意润肺防燥。此时正是螃蟹最肥美的时候，俗话说"九月团脐十月尖，寒露争吃大闸蟹"，我们就把这道原汁原味的清水大闸蟹作为本季的主打菜肴。寒露时，有"植物活化石"之称的银杏果实成熟，是为白果，这是当季最佳的滋补品，白果有很高的食用、药用价值，对人体健康有着神奇的功效。时令水果入馔也成为寒露菜肴的一大特色，如蟹酿橙、拔丝桂花蜜橘等，都是寒露的时令菜肴。

清水大闸蟹
QINGSHUIDAZHAXIE

原料: 鲜活螃蟹若干只,紫苏、杭菊适量,浙醋、嫩姜少许。

制法: 1. 将鲜活大螃蟹放在清水中浸刷洗净,然后用绳子把螃蟹扎成十字形。

2. 将扎好的蟹放入笼屉隔水蒸煮,水中加紫苏以去寒、加杭菊以避腥,旺火蒸煮至熟,取出装盘。

3. 姜切碎末,放入醋、酱油,拌合成蘸料,随带上桌。

特点: "蟹封嫩玉双双满,壳凸红脂块块香。"寒露时节是螃蟹最为肥美的时候,把酒持蟹赏菊成为晚秋民间风雅韵事。

蘸食的调料姜末、米醋中,加几滴酱油能提鲜增香。

盐焗白果
YANJUBAIGUO

原料：白果300克、盐500克、茴香10克、花椒2克、干椒 2个。

制法：鲜白果用刀面轻轻地把壳敲破,然后用盐水煮至八分熟,捞出。炒锅置小火上,用花椒盐把白果炒至完全熟。最后把白果一头插在花椒盐中,茴香、干椒作点缀即成。

特点：原汁原味,清香甘甜。

白果一次不可多食。

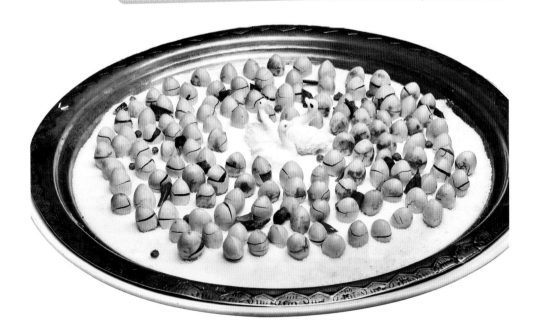

蟹 酿 橙
XIENIANGCHENG

原料: 甜橙250克、湖蟹150克、米醋40毫升、姜末5克、杭白菊3克、盐2克、糖15克、香雪酒15毫升、芝麻油3毫升、花生油25毫升、湿淀粉10毫升。

制法: 1. 甜橙开盖,取出橙肉及汁水;湖蟹煮熟剔肉,待用。

2. 炒锅至火上,下花生油加热,投入蟹肉、姜末略煸,加入橙肉、香雪酒、杭白菊、盐、米醋、糖,煮沸后用湿淀粉勾芡,装入甜橙中,盖上橙盖。

3. 取碗1只,将甜橙放至碗中,加入香雪酒、米醋、杭白菊,密封后上笼,旺火蒸12分钟,即成。

特点: 此菜最早记载于宋《山家清供》中,以味鲜、菊香、蟹肥著称。

拔丝桂花蜜橘
BASIGUIHUAMIJU

原料：蜜橘3只(约重300克)、鸡蛋2个、干桂花1.5克、熟芝麻5克、白糖150克、湿淀粉25毫升、上白面粉60克、芝麻油10毫升、熟猪油1000毫升(约耗50毫升)。

制法：1. 橘子剥去皮，逐瓣撕去膜，沾上面粉。鸡蛋磕在碗里，放入面粉(约50克)和湿淀粉，加水25毫升，搅匀调成蛋糊。

2. 锅置旺火上烤热，下猪油，至油温150℃时，将橘子逐瓣挂上蛋糊，入锅炸至结壳，用漏勺捞起，拣去碎末。油锅移小火上，保温待用。

3. 另取炒锅1只，下猪油10毫升，放入白糖，置中火上，用手勺不断推炒，使糖、油溶化起黏性时(用手勺舀起糖汁成直线而不断)，迅速将炸好的橘子放入油锅中复炸一下，捞起，倒入炒好的糖油锅中，颠翻炒锅，使糖油包住橘子。然后撒上芝麻，颠翻起锅，盛入用开水烫热、涂上芝麻油的盘内，再撒上干桂花即成。吃时，用筷子夹住橘子，绕住糖丝，在冷开水中浸一下，以免烫口，并保持外壳松脆不粘牙。

特点：色泽黄亮，松脆爽口，甜中略带酸味。用筷子夹起橘子，糖丝透明，连绵不断，富有食趣。

节令点心：重阳糕、四喜酥

重阳又称"重九"，为每年农历的九月初九。重阳节正值寒露时节，登高望远、怀念亲人，有插茱萸、赏菊花、吃重阳糕、饮菊花酒的习俗。"中华传统孝为先，九九重阳秋爽天。攀登步遥插茱萸，人人尝糕祈平安。"

重 阳 糕
CHONGYANGGAO

原料： 糯米粉375克、粳米粉150克、白砂糖125克、鲜粟子150克、义乌红糖35克。

制法： 1. 将粟子洗净，对剖开，入锅加水(水浸没粟子)，在旺火上煮至七成熟时，剥去粟壳和内膜。

2. 将糯米粉25克加水5毫升拌匀，搓碎，再加入义乌红糖拌匀，用18眼竹筛筛成松粉。

3. 将粳米粉、糯米粉一起倒入盆内，再将白砂糖用水100毫升溶化，倒入盆内，搅成糊状，移入垫好屉布的笼内摊平，用蒸汽蒸6分钟后，揭去笼盖，将松粉用竹筛均匀地筛在蒸糕上面，把粟肉整齐地铺在松粉上，再放入蒸汽台上蒸约30分钟，蒸熟后，凉透，切成菱角块。

特点： 此糕呈菱形，软糯可口，粟香味甜。

四 喜 酥
SIXISU

原料： 低筋面粉500克，熟冻猪油175克，莲茸

馅100克，红枣、蜜枣、青梅、金橘各少许，蛋清1只。

制法： 1. 烤箱温度底火100℃、面火150℃，白芝麻淘净、沥干、烤熟，取出后放在案板
上擀压成芝麻粉。

2. 熟白芝麻粉、生猪板油末、绵白糖、精盐加少许清水，搅拌成椒盐馅心。

3. 案板上倒入250克面粉，加入125克猪油，以擦板均匀擦成干油酥。另以250
克面粉放案板上，中间扒个窝，放入50克猪油，加沸水125毫升拌成雪花块
状，摊开冷却，把粉充分拌揉，至粉很柔软光滑为止，即为水油面。放15分钟，
摘成剂子，水油面每个90克，干油酥每个80克。

4. 成形，取水油面剂子1个，用手掌压成扁圆形，裹入干油酥剂子1个，包拢后收
口收紧，再压扁，用擀面杖擀成片，然后把长片从头卷拢，成筒形。摘10只剂子，
摘口朝上面，擀成边薄、中间厚的皮子，包上馅心，收口捏紧朝下按成饼形，四周
边缘切4刀，每只角挖尖，每只生坯刷上蛋清，每只角上放一颗不同的果料，中心
处用瓜子仁摆一朵梅花(五颗瓜子仁)，瓜子中间放入一粒红樱桃即可。

5. 烤盘刷上油，把做好的四喜酥生坯排齐，放入烤箱烤到金黄色，取出装盘
(烤箱温度底火200℃、面火230℃)。

特点： 形状美观，酥松香甜。

饮食养生

"养阴防燥，润肺益胃。"寒露时节气候由凉转寒，寒气一重，肺就要受到伤
害。为了让身体不受寒气的侵袭，可以多食用点补气养血的粥，如红枣莲子银杏
粥等。

18 霜降篇

[霜降秋鲈肥，
金齑玉脍神仙味]

霜降：10月23—24日 豺乃祭兽、草木黄落、蛰虫咸俯

《诗经》云"蒹葭苍苍，白露为霜"，露水凝结成霜，就是霜降。霜降是秋季的最后一个节气，动物们开始为过冬做准备，把捕获的猎物贮藏起来；树木开始枯萎、落叶缤纷；蜇虫们也在洞中垂下头，进入冬眠状态。我国北部地区"霜降一过百草枯"，而南方正是"霜叶红于二月天"的秀美秋色。

 节令菜肴：金齑玉脍、黄芪炖土鸡、酿荸荠

　　"一年补到头，不如补霜降"，民间有在霜降前后进补的习俗。霜降进补应以平补为主，要多摄入富含蛋白质的食物来增强抗寒能力。秋风起，鲈鱼肥，鲈鱼蛋白质含量丰富，正是霜降食补的最佳选择。"霜降秋鲈肥，金齑玉脍神仙味"，我们把这道古时贡品——号称"东南佳味"的金齑玉脍奉献给大家。另外，黄芪炖土鸡也是适合霜降食用的滋补佳肴。荸荠也于此时应市，酿荸荠是杭州霜降时节的一道家常菜。

金齑玉脍
JINJIYUKUAI

原料：鲈鱼肉200克、甜橙150克、盐3.5克。

制法：《中国烹饪大全》载：晋代江南人细切鲈鱼肉加上金橙皮（细切
缕丝），拌和进食，叫做"金齑玉脍"。后来隋朝成为贡品，号称
"东南佳味"。鲈鱼用秋鲈，此时鱼肉嫩无腥气。橙子皮与橙肉
瓣去筋络，捣烂成酱，作为调味，同鱼脍一起吃，别有风味。

特点：钱塘江流域的名菜。鲈鱼，早在汉代已成为吴淞江与钱塘江流
域的名菜。南朝宋刘义庆《世说新语·识鉴》："张季鹰（即西晋
文学家张翰）辟齐王东曹掾，在洛见秋风起，因思吴中菰菜羹、
鲈鱼脍，曰：'人生贵得适意尔，何能羁宦数千里以要名爵？'遂
命驾便归。俄而齐王败，时人皆谓为见机。"后以"鲈鱼脍"为思
乡赋归之典。目前见到较早的具体记载鲈鱼脍的是北宋初年
名臣李昉等编撰的类书《太平广记》："作鲈鱼脍，须八九月霜
下之时。收鲈鱼三尺以下者，浸渍讫，布裹沥水令尽，散置盘
内。取香柔花、叶相隔，细切和脍，拨令调匀。霜后鲈鱼，肉白如
雪，不腥。所谓金齑玉脍，东南之佳味也。紫花碧叶，间以素脍，
亦鲜洁可观。"

黄芪炖土鸡
HUANGQIDUNTUJI

原料： 土鸡950克、黄芪15克、葱15克、姜15克、加饭酒30毫升、盐8克、枸杞10克、南瓜块100克。

制法： 1. 土鸡杀净，去内脏，斩成8块，入沸水锅中汆3分钟，捞出待用。

2. 取大砂锅1只，垫上葱、姜，放入鸡块，加入清水与加饭酒，大火烧开，撇去浮沫，改小火炖1个半小时，加入黄芪、南瓜、枸杞，再炖约1小时，最后投入盐调味，即成。

特点： 汤醇肉美，余味无穷。

小贴士

炖鸡时要最后加盐，这样鸡肉中的蛋白质才能被全部吸出并溶于汤内。

酿荸荠
NIANGBIQI

原料： 嫩荸荠24只、猪里脊肉25克、猪肥膘20克、精盐1克、浆虾仁50克、蛋清1个、干淀粉25克、味精1.5克、绍酒10毫升、白糖10克、姜汁水5毫升、湿淀粉5毫升、葱白末5克、芝麻油10毫升、酱油10毫升、熟猪油40毫升、醋10毫升。

制法： 1. 荸荠洗净，去皮，去蒂，用刀在中央挖一个洞，撒上干淀粉。

2. 将里脊肉、肥膘、虾仁剁成泥，加水、蛋清、精盐、味精、姜汁水、葱白末，用手捏上劲，拌以湿淀粉，再加芝麻油(5毫升)搅匀，分成24份，酿入荸荠，抹平。

3. 炒锅置小火上烘热，下猪油，烧至油温75℃时，把荸荠入锅煎熟(油温不能升高，以防煎焦变色)，滗出多余的油，烹入绍酒，加酱油、白糖、醋，转动炒锅，淋上芝麻油(5毫升)，排齐装入盘中即成。

特点： 形状完整，清香爽脆，略带酸甜。

节令点心：春兰秋菊露、御黄王母饭

"春兰秋菊露芬芳,杭州习俗饮霜降。苏子渍梅蔗梨橙,玉榴小粒胜瑶浆。"
诗中描述了杭州民间霜降饮春兰秋菊露的习俗。

春兰秋菊露
CHUNLANQIUJULU

原料：芒果肉250克、香梨肉400克、甜橙肉150克、苹果肉200克、龙眼肉250克、梅子
　　　肉150克、冰糖250克、湿生粉100毫升。

制法：1. 甜橙去皮,用竹签挑出甜橙肉,其他去皮去核,切成指甲片。

　　　2. 不锈钢锅置中火上,加入清水,放入冰糖,滚起、冰糖溶化后倒入各种果
　　　料,搅匀,等煮沸,湿生粉边倒边用炒勺搅匀,防止结块。沸时即出锅,盛入10
　　　只小碗内,撒上枸杞即成。

特点：五彩缤纷,酸甜润滑,醒酒开胃。

御黄王母饭
YUHUANGWANGMUFAN

原料：糯米300克、水发海参25克、水发鱿鱼25克、虾仁25克、水发香菇25克、冬笋肉25克、鸡蛋1个、黄酒50毫升、盐3克、猪油200毫升、葱25克、姜25克、香油25毫升、胡椒粉适量。

制法：1. 糯米洗净，蒸熟、摊凉，鸡蛋打散拌入饭中。

2. 海参、鱿鱼、香菇、冬笋切成细粒状待用。

3. 虾仁上浆过油，捞出后，投入其他主料煸炒，加入调味料，再放入米饭、虾仁翻炒，炒至干松鲜香即可。

特点：色泽鲜艳，口味独特，鲜香可口。

 饮食养生

　　"草木凋零，祛寒养胃。"讲究养生的人们为了御寒，会在霜降前后开始食补，民谚有"一年补到头，不如补霜降"、"霜降进补，来年打虎"之说。霜降进补应以平补为原则，要多摄入富含蛋白质的食物来增强抗寒能力。根据营养学分析，肉类蛋白质含量由多到少依次为：羊肉、兔肉、鸡肉、牛肉、鸭肉、猪肉。霜降时节还可以适量食用些高热量的坚果，如花生、核桃、腰果、松子、杏仁、开心果等，也很有益于健康。

19

冬吃萝卜夏吃姜，
不用医生开药方

立冬篇

水始冰、地始冻、雉入大水为蜃

"落水荷塘满眼枯，西风渐作北风呼。"立冬前后，水开始结冰，土地开始冻结，野鸡之类的大鸟不多见了，难道是变成了海边的大蛤？（古人认为雉到立冬后变成大蛤。）民间习惯以立冬为冬季的开始，"冬"有终止、藏匿的意思，时序进入冬季，一切活动终止了，一切生物也开始藏匿起来，因此称为"立冬"。

节令菜肴：筒骨焖萝卜、人参炖林蛙、干煸包心菜

冬季饮食养生的重点在于"补肾藏精，养精蓄锐"，"养藏"是冬天养生的重中之重，而萝卜通常被称为"土人参"，含有丰富的碳水化合物、维生素、磷、铁等营养物质，民间素有"冬吃萝卜夏吃姜，不用医生开药方"的说法。筒骨焖萝卜是立冬时令的家常菜，有健胃、润肤、增髓的功效。如果把筒骨焖萝卜比做"下里巴人"的话，那么人参炖林蛙就是"阳春白雪"，林蛙因味道鲜美、营养丰富，在明、清两代已成为贡品，被列为宫廷"八珍"，是不可多得的珍品，以它为主料烹制的人参炖林蛙更是立冬时滋补的精品。除此之外，立冬时的包心菜软糯鲜美，也成为此时餐桌上的"常客"。

筒骨焖萝卜
TONGGUMENLUOBO

原料： 筒骨500克、白萝卜200克、小葱5克、生姜5克、黄酒5毫升、盐6克、味精3克、胡椒粉1克、高汤1000毫升。

制法： 1. 筒骨洗净后对半砍断，入沸水锅中稍氽，捞出再洗净，和葱、姜、黄酒一起入砂锅小火慢炖2小时。

2. 萝卜切成大滚刀块，在筒骨炖制2小时后放入，再同炖30分钟，放入盐、味精等调味出锅，加葱段点缀即成。

特点： 汤汁浓白，营养丰富，味道鲜美。

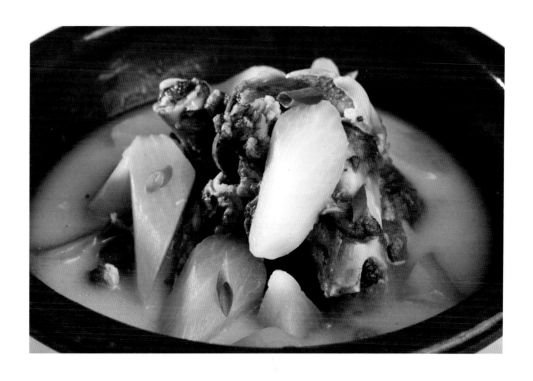

人参炖林蛙
RENSHENDUNLINWA

原料: 林蛙200克、鲜人参10克、火腿片20

克、加饭酒15毫升、枸杞5克、盐2克、

姜片3克、清汤300毫升。

制法: 1. 林蛙杀洗取净,切成块,焯水待用。

2. 取炖盅1只,放入林蛙、人参、火腿

片、枸杞、姜片、清汤、加饭酒,上笼

以旺火蒸制1小时,加入盐,调味即

成。

特点: 汤醇味浓,活血开胃。

干煸包心菜
GANBIANBAOXINCAI

原料： 包心菜350克、腊肉15克、大蒜子20克、葱段20克、干辣椒5
克、盐3克、酱油3毫升、绍酒5毫升、白糖3克、猪油55毫升。

制法： 1. 包心菜切成3厘米见方的块状，腊肉切为长3厘米的片。

2. 炒锅置中火上烧热，放入猪油，把蒜子、腊肉、葱段、干椒
入锅煸香后，放包心菜煸炒至翠玉色，烹入绍酒，加酱油、
盐、白糖、水少许，收汁翻炒，装入盘内即可。

特点： 形似翡翠，口感脆嫩，鲜香扑鼻。

小贴士

包心菜在煸炒前必须先控干水分，这样才能炒出香味。

节令点心：菊蟹包、八角酥

立冬时节执蟹赏菊可谓雅事，节令点心也多以蟹为主，首推菊蟹包。"冬酿草酒饮菊花，立冬时节两螯抓。秋香河肥最妙供，菊蟹包香溢齿颊。"

菊 蟹 包
JUXIEBAO

原料： 低筋面粉250克、高筋面粉250克、熟冻猪油40克、净夹心精肉300克、净肥膘肉150克、干酵母5克、发酵粉 5克、绵白糖30克、精盐3克、湖羊酱油25毫升、生姜末7克、白糖2克、味精5克、鸡精 2克、胡椒粉1克、绍酒5毫升、温开水225毫升、清水150毫升、皮冻100克、蟹黄蟹粉 100克、熟猪油25毫升。

制法： 1. 将蟹洗净，放在锅内加水煮熟，捞起后，用竹签别下蟹黄蟹肉。锅内放入猪油、姜末、绍酒，滴点醋，炒香待用。

2. 将肉洗净，沥干水分，去皮筋后切碎，斩成肉末，放在盆内，加入调味料搅匀，再将凉水分次倒入肉末内，用力搅拌至肉末起黏性，使水分全部被吸收，然后加入切碎的皮冻、蟹肉拌匀，成蟹肉馅。

3. 两种面粉倒在案板上，中间扒个窝，放入干酵母、绵白糖、熟猪油、精盐、温水搅拌匀，加入发酵粉，将面粉揉至光滑有韧性，放入轧面机，轧至有光亮时即可。

4. 将轧好的发面团搓条，摘成剂子，逐只用手掌压扁，再用擀面杖擀成边缘薄、中间厚的皮子。把皮子托在左手掌心，用竹签挑入馅心，右手以拇指、食指和中指沿皮子边缘转捏拢，折纹18褶，中间口放入用发面做好的小菊花，用蛋清粘紧，菊花花蕊上放一颗蟹黄，整齐地放入蒸笼，加盖上蒸汽蒸约10分钟即成。

特点： 造型美观，味鲜汁多，油润迺口。

八 角 酥
BAJIAOSU

原料： 面粉500克、细沙250克、猪油100毫升、鸡蛋1个、瓜仁10克、蜜枣3只。

制法： 1. 面粉加清水、猪油和成面团,稍饧。

2. 面团搓条摘剂,包入细沙后压成饼形。

3. 用刀在饼形生坯面上的1/2处均匀切出8刀,用手在每个刀口处捏出角形,共捏8个角,刷上蛋液,粘上瓜仁、蜜枣成生坯。

4. 烤箱升温至180℃,放入生坯,烤至金黄色即成。

特点： 形态美观,口感酥脆香甜。

饮食养生

　　"藏肾补虚,养精蓄锐。""养藏"是冬天养生的重中之重,而冬在五脏应肾,想益肾,多食黑。按四季与五行、人体五脏相互对应的观点看来,冬天合于肾,冬亦归于黑,所以用黑色食品补养肾脏无疑是最佳的选择。黑色食品种类繁多,有黑芝麻、黑枣、黑米、紫菜、香菇、海带、发菜、黑木耳、甲鱼、乌鸡等。

20 小雪篇

小雪初露冬，开洋蒸双冬

小雪：11月22—23日 虹藏不见、天气上腾地气下降、闭塞而成冬

"六出飞花入户时，坐看青竹变琼枝。"古人把六角形的雪花称为"六出"。小雪时节天气寒冷，雨凝为雪，天空不再有美丽的彩虹。古人认为这时天空中的阳气上升，地面上的阴气下降，导致天地不通、阴阳不交，万物失去生机，天地闭塞而转入严寒的冬天。

 节令菜肴：开洋蒸双冬、雪里蕻熘鱼片、砂锅鱼羊鲜

　　"小雪初露冬，开洋蒸双冬。"江浙一带历来就有小雪节气腌"冬腌菜"的习俗，每到小雪这一天，家家户户就开始腌制长梗白菜。而20世纪五六十年代计划经济时，杭州的国营菜场每到小雪开始供应冬腌菜，市民排队争购冬腌菜成为当时一景。新鲜的冬腌菜配以有"海八珍"之称的开洋，鲜鲜合蒸，营养丰富，开洋蒸双冬因此成为江浙一带常见的冬季时菜。而此时，立冬腌制的雪里蕻也正好出缸，雪里蕻熘鱼片鲜嫩爽口，令人大快朵颐。小雪时节天气寒冷，热气腾腾的砂锅鱼羊鲜也因此受到人们的欢迎。

开洋蒸双冬
KAIYANGZHENGSHUANGDONG

原料：开洋75克、冬腌菜200克、净冬笋150克、盐3克、猪油20毫升、味精5克、清汤200毫升。

制法：1. 冬腌菜去叶去蒂，切成4厘米长的片；冬笋切成4厘米长、2厘米宽的厚片，开洋温水涨泡，待用。

2. 取大海碗1个，将冬腌菜与冬笋、开洋整齐地排入碗中，加入清汤，调入盐、味精、猪油，入蒸笼大火蒸约25分钟，即可。

特点：入口爽脆，汤清味美，是冬季时令佳肴。

雪里蕻熘鱼片
XUELIHONGLIUYUPIAN

原料： 净黑鱼肉200克、雪里蕻菜150克、蛋清1个、清汤100毫升、葱段5克、绍酒20毫升、精盐2.5克、味精1.5克、湿淀粉25毫升、熟猪油500毫升（约耗60毫升）。

制法： 1. 鱼肉批成薄片，用精盐1.5克、绍酒10毫升腌渍一下，加蛋清，捏上劲，再用湿淀粉15毫升拌匀上浆。雪里蕻菜去蒂、洗净，切成0.5厘米长的小丁待用。

2. 炒锅置中火上烧热，滑锅后下猪油，烧至油温100℃时，把鱼片倒入锅内，用筷子轻轻划散，至鱼肉呈玉白色时倒入漏勺，沥去油。

3. 原锅留油15毫升，下葱段略煸，将雪里蕻菜入锅略炒，即加绍酒10毫升、精盐1克及味精，清汤，用湿淀粉10毫升调稀勾芡，再倒入鱼片，转动炒锅，淋上熟猪油，轻轻出锅即成。

特点： 色泽艳丽，清爽怡人，鱼片润滑，雪里蕻鲜嫩。

小贴士

浆好的鱼片下油锅时先用筷子轻拨滑开，可保持鱼片不碎。

砂锅鱼羊鲜
SHAGUOYUYANGXIAN

原料： 包头鱼半爿（350克），羊肉350克，白萝卜200克，蒜叶50克，酱
油、味精、白糖、胡椒粉、绍酒、熟猪油、姜块（拍松）、葱油、八
角、桂皮适量。

制法： 1. 将包头鱼洗净，沥水，切成4厘米见方的块。白萝卜去皮去筋
切条，焯水待用。羊肉切成3厘米见方的块，入沸水锅后洗净，
放入锅内，将全部调料一起下锅，加水至浸没，旺火烧滚后，再
用中火煮至酥烂出锅。

2. 将锅烧热后放入猪油，把鱼块煎黄，烹入绍酒，下烧酥的羊
肉，和汤一起滚至浓汤后，装入砂锅炖，撒上蒜叶，上盘即可。

特点： 羊肉味香鲜美，鱼肉滑嫩爽口，热量高，为冬令佳肴。

节令点心：冬酿酒、胜肉饯

"草药酿酒糯米香，小雪开瓮御风霜。尖脐蒸来论风味，十月白名最响亮。"
十月白冬酿酒正是小雪时令的佳酿。

冬 酿 酒

DONGNIANGJIU

原料： 糯米5000克、酒酿药100克、冷开水4000毫升。

制法： 1. 糯米淘净，用清水浸涨，春天、秋天需浸10个小时，夏天浸8小时左右，冬天浸12小时。

2. 把浸泡好的糯米盛在淘箩里，沥干水分。木桶(木桶下面是分散有缝的)垫上净浸布，沥干的糯米倒入木桶内，待蒸有热气上升后，加盖再蒸，蒸大约10分钟后即可端出，用清水冲凉，沥干水分，倒入木桶内，放入酒药，双手拌匀糯米饭和酒药。

3. 把拌匀的糯米饭盛入碗内，摊平，中间用食指按一个口。把全部做好的生坯放在架子上，上下加棉絮盖上，包起来，烘热，春秋36小时便好，冬天48小时。

4. 等酒酿成熟后，早一天烧滚的开水，凉冷后倒至酒酿内，用勺把酒酿和冷开水搅散，再盛入纱布袋内，袋口扎紧，用手捏出酒酿汁，把沉淀的清酒酿汁倒入桶内，下面沉淀粉浆不要倒入酒内。

特点： 此酒香甜、润口，冬天饮用加热更佳。

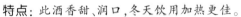

胜 肉 饯
SHENGROUJIA

原料：面粉100克、鲜笋100克、菌菇50克、松仁25克、桃仁25克、猪油100毫升、酱油50毫升、茴香2克。

制法：1. 面粉加水和成面团，稍饧。

2. 鲜笋、菌菇入水焯熟，切碎，下油锅煸炒，放入酱油、香料，起锅，拌入松仁、桃仁成馅。

3. 面团搓条摘剂，制皮后包上馅心，捏成饺子，下开水锅煮熟即成。

特点：鲜香适口，滋味独特。

饮食养生

"御寒保暖，放松心情。"小雪天冷，饮食上要注意"取热"。以下四类食物可以有效抵御寒冷：肉类食物，蛋白质、脂肪和碳水化合物被称为"产热营养素"，如狗肉、羊肉、牛肉、章鱼肉等；根茎类，如胡萝卜、山芋、藕、菜花等；含铁食物，如动物血、蛋黄、猪肝、牛肾、黄豆、芝麻等；含碘食物，如海带、紫菜、贝壳类、菠菜、鱼虾等。同时还可食用些B族维生素让人心情平和，吃香蕉能使人心情愉快。

21

大雪纷纷羊汤浓，
驱寒保暖护一冬

大雪篇

大雪：12月6—8日 鹖旦不鸣、虎始交、荔挺生

　　大雪节气气温骤降、天气严寒,大地一片寂静,寒号鸟停止了鸣叫。在这阴气最盛的时期,阳气已悄然萌动,老虎开始求偶,兰草也感受到了阳气的萌动而抽出新芽。此时大雪纷纷,天地苍茫一片,柳宗元的"千山鸟飞绝,万径人踪灭。孤舟蓑笠翁,独钓寒江雪",就成了描写大雪风光的千古绝唱。

 节令菜肴：白切羊肉、盖被羊肉、大雪养生汤、油焖冬笋

在饮食上，我们应多吃温热又能御寒的食物，如羊肉、狗肉、甲鱼、虾等。民间俚语有"大雪纷纷羊汤浓，驱寒保暖护一冬"之说，而羊肉是温热食物中性价比最高的，成了大雪时节饮食的首选。我们推出白切羊肉、盖被羊肉作为当令的代表菜肴。同时大雪也是进补的良时，我们特推出了大雪养生汤，补肝肾、益气血。大雪时冬笋上市了，这是一年中冬笋最美味的时候。嫩冬笋以重油、重糖烹制，鲜甜可口，是冬令传统时菜。

白切羊肉
BAIQIEYANGROU

原料： 生净带皮羊肉1000克、萝卜100克、八角2克、桂皮5克、绍酒40毫升、花椒盐15
克、葱结25克、姜块25克、麻酱油20毫升。

制法： 1. 羊肉取净，入沸水锅焯水、洗净。

2. 取大锅1只，用竹箅垫底，放入羊肉，再放入萝卜、姜、葱、八角、桂皮、绍酒，
加水浸没原料，用旺火烧沸，撇去浮沫，再改用小火焖至熟烂，捞出羊肉，冷
却待用。

3. 将熟肉切成片装盘，随带花椒盐、麻酱油蘸食。

特点： 原汁原味，鲜香肥美。

小贴士

羊肉烧好出锅，可先用纱布包裹，再用重物压到冷却，这样羊肉
平整，更易改刀装盘。

盖被羊肉
GAIBEIYANGROU

原料：湖羊肉500克、白萝卜150克、红枣2克、葱结5克、生姜5克、干辣椒1克、酱油25
　　　毫升、黄酒10毫升、水500毫升、菜油20毫升、盐2克、味精2克、白糖10克、京葱
　　　30克、青大蒜叶2克、芝麻1克、干菜饼40克。

制法：1. 羊肉取净、焯水，切成4.5厘米见方的块。

　　　2. 京葱切成1厘米厚的片，煎成金黄色，摆盘待用。

　　　3. 炒锅起菜油，煸炒葱、姜、羊肉，至外皮金黄色，烹入黄酒、酱油，加入清水、
　　　萝卜、干辣椒烧开，撇去泡沫，用中小火烧制2小时，然后点芡、收汁，淋入芝
　　　麻油装盘，用青大蒜叶和芝麻点缀，干菜饼盖在羊肉旁边即成。

特点：羊肉卤汁红亮，入口酥香，是冬季传统菜肴。

大雪养生汤
DAXUEYANGSHENGTANG

原料：天山雪莲籽75克、老鸽700克、火腿50克、虫草花20克、姜片10克、葱10克、花雕酒5毫升、盐2克、胡椒粉1克。

制法：1. 将老鸽取净成块，焯水待用。火腿蒸熟，切块待用。

2. 取砂锅1只，用葱、姜垫底，放入老鸽、雪莲籽、火腿、虫草花、花雕酒，大火烧沸，改用小火慢炖1小时，加入盐、胡椒粉调味即成。

特点：汤清味醇，滋补提神。

油焖冬笋
YOUMENDONGSUN

原料：生净嫩冬笋肉500克、酱油75毫升、白糖25克、味精1.5克、芝麻油15毫升、熟菜油75毫升、花椒5克。

制法：1. 将笋肉洗净，对剖开，切成长5厘米左右的段。

2. 将炒锅置中火上烧热，下菜油，至油温125℃时，放入花椒，炸香后捞出。将笋入锅煸炒，至色呈微黄时，即加入酱油、白糖和水100毫升，用小火爁5分钟，待汤汁收浓时，放入味精，淋上芝麻油，即成。

特点：嫩冬笋以重油、重糖烹制，色泽红亮，鲜嫩爽口，略带甜味，是传统的时令风味。

节令点心：百味馄饨、黄粱饭

　　百味馄饨又名"冬馄饨"，是杭州大雪节气的传统点心，有着悠久的历史。因杭州人冬至时惯用馄饨祭祀先人，故有"冬至馄饨夏至面"之说，冬馄饨之俗也沿袭至今。"广微饼赋万古章，入冬馄饨扪腹香。一千年前煮百味，十色品种一瓯装。"

百味馄饨
BAIWEIHUNTUN

原料： 中高筋面粉500克、菠菜汁40毫升、胡萝卜汁40毫升、心里美萝卜汁40毫升、酱油水汁40毫升、清水40毫升、食用碱水少许、蛋清2个、猪肉笋30克、牛肉萝卜30克、鸡肉香菇30克、虾肉菠菜30克、蟹肉荠菜30克、精盐10克、味精15克、白糖5克、绍酒10毫升、胡椒粉少许、芝麻油25毫升。

制法： 1. 将肉剔去皮、骨、筋后，用粗眼搅肉机搅碎；蔬菜类入沸水锅烫过，用清水冲凉，切成末；蟹烧熟后挑出蟹肉，加入调味料，拌匀各种馅心。

　　2. 将面粉分成5份，加入各种果蔬汁、少许碱水、蛋清，拌匀揉成硬面团。

　　3. 每块面团醒15分钟，擀薄制成馄饨皮子，逐张挑入各种馅心，每包成突肚翻角、略成长形的馄饨。

　　4. 将肉骨熬成清汤，加入自制白酱油、猪油、味精，分成10碗汤料。

　　5. 锅置旺火上，加入清水，烧至水沸时下馄饨，用铁勺推动水，使馄饨不断旋转，防止粘锅，煮约5分钟，馄饨上浮，适量加些凉水，防止太沸使皮子破裂，保持水沸约8分钟，将馄饨捞起，放在汤料碗中，撒上葱花、蛋皮丝、紫菜即可。

特点： 色泽鲜艳，皮薄馅多，汤鲜味美。

　　包馅要匀，搭头要紧，包松了，煮时会进水走味，影响质量。

黄梁饭
HUANGLIANGFAN

原料： 小米250克、虾仁25克、水发海参25克、水发鱿鱼25克、水发香菇25克、水发口
蘑25克、熟鸡肉25克、猪油100毫升、黄酒25毫升、香油10毫升、葱10克、姜10
克、盐5克。

制法： 1. 小米加水煮成干饭，摊凉待用。

2. 虾仁、水发海参、水发鱿鱼、水发香菇、水发口蘑、熟鸡肉切丁。

3. 锅内放猪油，投入虾仁、水发海参、水发鱿鱼、水发香菇、水发口蘑、熟鸡肉
丁煸炒，加黄酒，再放入小米饭，加盐、香油炒透，起锅装盘。

特点： 色彩鲜艳，口味鲜香独特。

饮食养生

"进补时节，保藏元阳。"大雪时节，我们首先应多吃温热又能御寒的食物，
如羊肉、狗肉、甲鱼、虾等；其次应多吃富含脂肪的食物；第三应增加蛋氨酸的摄
入量，如芝麻、乳制品、叶类蔬菜；第四应补充维生素A和维生素C；第五应补充
钙质，多喝牛奶、多吃豆制品。

22

冬至狗肉滚三滚，
神仙闻了站不稳

冬至篇

冬至：12月21~23日　蚯蚓结、麋角解、水泉动

　　冬至又称"日短"，是北半球一年中白昼最短的一天。此时阴气极盛，同时也是一阳初生的时刻，"冬至到而葭灰飞"之语由此而来。土中的蚯蚓仍然蜷缩着身体，麋鹿却开始脱落鹿角，山间的泉水也悄悄地流动着。古人很看重冬至节日，有"冬至大如年"之说。这天北方人要吃水饺，南方人要吃汤圆，取吉祥团圆之意。

 节令菜肴：红烧狗肉砂锅、醋熘黄芽菜、葱油带鱼

　　我国民间有冬至吃狗肉的习俗，"冬至狗肉滚三滚，神仙闻了站不稳"。这一习俗据说起于汉代。相传，汉高祖刘邦在冬至这一天吃了樊哙煮的狗肉，觉得味道特别鲜美，赞不绝口，从此就形成了冬至吃狗肉的习俗。红烧狗肉砂锅就是地道的冬至佳肴。冬至除了狗肉外，还有很多鲜美的食材，如带鱼、黄芽菜等。冬季的带鱼最为肥美，而黄芽菜作为冬令常备蔬菜也在此时大量上市，因此，我们把葱油带鱼、醋熘黄芽菜推荐为冬至时令佳肴。

红烧狗肉砂锅
HONGSHAOGOUROUSHAGUO

原料：生净狗肉1500克、葱结100克、姜块(拍松)50克、桂皮5克、橘皮5克、八角5克、绍酒200毫升、白糖150克、精盐10克、酱油200毫升。

制法：将狗肉切成12厘米见方的块，入沸水锅焯水，洗净，放入大锅，将全部调料一起下锅，加水至浸没。旺火烧滚后，再用中火煮至成熟出锅，装入砂锅里煮至酥烂，撒上大蒜叶、红椒片即可。

特点：肉精味香，含热量高，为冬令佳肴。

烧狗肉时在香料中加入橘皮，不仅能除去骚味，还能让肉有果香。

醋熘黄芽菜
CULIUHUANGYACAI

原料： 黄芽菜350克、白糖25克、绍酒25毫升、醋25毫升、酱油50毫升、湿淀粉25毫升、葱段2克、猪油60毫升、芝麻油10毫升、葱末1克、胡椒粉少许。

制法： 1. 将黄芽菜切成条。

2. 炒锅置中火上烧热，下猪油50毫升，至油温150℃时，放入葱段略煸，即放入黄芽菜，略翻炒后，加绍酒、酱油、白糖和水150毫升，旺火烧沸，改用小火，收浓汤汁，烹入醋，放入姜末，用湿淀粉调稀勾芡，淋上猪油10毫升，再浇上麻油，出锅装盘，撒上葱末即成。上桌时随带胡椒粉。

特点： 色泽红亮，芽菜鲜嫩，酸甜适口。

葱油带鱼
CONGYOUDAIYU

原料： 本带鱼1条(约500克)、精盐2克、小葱50克、味精2克、

姜片10克、绍酒10毫升、猪油20毫升、清汤100毫升、

酱油25毫升、白糖10克。

制法： 1. 将带鱼剖洗净，入沸水锅烫一下捞出，刮去黑膜，

洗净，鱼身脊背部直剞十字刀，切成10厘米长的段，

摆在深盘中，放姜片、葱段、绍酒，入蒸笼，以旺火蒸

约10分钟，捡去葱姜，将原料汤注入碗中，加酱油、白

糖、味精调好味，倒在带鱼上面。

2. 小葱切成葱花，铺在带鱼上面，锅内放20毫升猪

油，至油温200℃时，淋浇在葱花上即可。

特点： 肉质细嫩，葱香扑鼻，清鲜脆美。

节令点心：冬至团、油馓儿

冬至在古时又被称为"亚岁"，是一年中非常重要的一个节令，与元旦不相上下。吴中一带尤为重视冬至，有"肥冬瘦年"的说法。冬至时，杭州民间有吃冬至团的习俗。相传冬至团分祀先、供神两种：大而有馅的祀先用，小而无馅的供神用。冬至前，家家户户舂米做团，祀祖供神、馈赠亲友。"冬至汤团人人爱，荤素馅料两分开。芝麻精选香溢智，肉鲜满口干劲来。"

冬 至 团
DONGZHITUAN

原料：糯米粉250克、澄粉75克、鹰粟粉25克、木瓜肉500克、冰糖100克。

制法：1. 木瓜洗净，去皮、去核，上蒸笼蒸熟，放入电榨机打成茸，倒入不粘锅内，加冰糖炒至厚状即好。

2. 将澄粉、鹰粟粉在盆内拌匀，冲入沸水125毫升，用木铲边冲边搅，搅匀后倒在案板上揉透，盖上湿布。

3. 糯米粉倒在案板上，中间扒个窝，倒入清水，四周拌匀，加入烫熟的澄面，两块面一起揉透。

4. 将面移至案板上，搓成圆柱形条，摘成剂子(把剂子捏成酒盅形)，包入木瓜馅，收口裹拢成团子。

5. 把做好的团子生坯放入笼屉内，上蒸汽蒸7分钟即成。

特点：形圆色白，糯软滑润，香甜爽口。

油 饺 儿
YOUJIAER

原料： 面粉100克、夹心猪肉50克、黄酒5毫升、香油10毫升、盐2克。

制法： 1. 面粉加水和成面团，稍饧。

2. 猪肉加水、盐、黄酒，顺方向搅拌上劲，加入香油，成馅。

3. 面团搓条、摘剂、制皮、包入馅心，捏成饺子或馄饨形，下油锅炸熟即成。

特点： 外脆里嫩，口感鲜香。

饮食养生

"阳气初生，护阳固本。"冬至是全年最重要的节令。冬至这天，阴气极盛，并开始由盛转衰，是一阳初生之时。这是阴阳转换的时刻，历代养生家都很重视这个节令上的养生，要特别注意补充阳气并固本培元。冬至前后可适当吃些营养丰富的鸡肉、羊肉、狗肉，最好是煲鸡汤，一边喝汤、一边吃肉，这样进补的效果会更明显。

小寒雪花儿飘，
菜花儿下年糕

23 小 寒 篇

小寒 1月5一7日　雁北向、鹊始巢、雉始雊

　　古人认为大雁顺阴阳而迁移，小寒时阳气已动，所以大雁开始向北回归；此时北方到处可以见到喜鹊，喜鹊感觉到阳气而开始筑巢；野鸡也感觉到阳气的生长而鸣叫。小寒是所有节气中最冷的节气，杜甫诗中有"霜严衣带断，指直不得结"之句，民间也一直有"小寒胜大寒"的说法。

 ## 节令菜肴：腐皮油冬儿菜、腊味合蒸、杭州酱鸭

　　俗话说"小寒大寒，冷成一团"，小寒一过，就进入"出门冰上走"的三九天了，因此要多食用一些温热食物，防御寒冷气候对人体的侵袭。杭州有句老话说"小寒雪花儿飘，菜花儿下年糕"，这里的"菜花儿"指的就是杭州特有的油冬儿菜。小寒时节正是油冬儿菜最软糯、香甜之时，腐皮油冬儿菜是杭州人小寒时节常吃的家常菜。杭州还有小寒时节吃酱货、腌货的习惯，立冬时腌制的食物开始陆续食用，一直要吃到来年开春。杭州酱鸭、腊味合蒸就是其中的代表。

腐皮油冬儿菜
FUPIYOUDONGERCAI

原料：生净油菜350克、豆腐皮30克、芝麻油10毫升、熟菜油40毫升、精盐3克、味精2克、高汤50毫升。

制法：1. 油菜洗净，切成3厘米长的段；豆腐皮用热油炸至金黄。

2. 炒锅置中火上烧热，滑锅后下菜油，放入油菜煸炒片刻，加入精盐、高汤煮约2分钟，放入腐皮，用手勺搅匀，沸起后放入味精，淋入芝麻油，起锅装盘。

特点：腐皮香软，油菜脆嫩，味鲜爽口。

炸过的腐皮更能保持颜色和形状，便于入味。

腊味合蒸
LAWEIHEZHENG

原料： 腊鸭90克、南肉85克、香肠80克、熏肠65克、笋干70克、千张丝90克、香菜20克、味精3克、花雕酒15毫升、清汤100毫升。

制法： 1. 将腊鸭取净、切成条，香肠、熏肠均切成片，南肉切成条，笋干切成寸段。

2. 取深盘1只，将千张丝垫于盘中央，再整齐地码上腊鸭、香肠、熏肠、南肉、笋干等原料，淋入清汤、花雕酒，撒上味精，上笼以旺火蒸制约15分钟，点缀上香菜即成。

特点： 复合香型，鲜味浓郁。

杭州酱鸭
HANGZHOUJIANGYA

原料：肥鸭1只（重约2500克）、葱段5克、姜块5克、火硝0.25克、绍酒15毫升、酱油1500毫升、白糖10克、精盐50克。

制法：1. 鸭空腹宰杀。用80℃左右的热水浸烫褪毛，洗净后于肛门上部开膛挖出内脏，除掉气管、食管，洗净后斩去鸭掌，用小铁钩钩住鸭鼻孔，挂在通风处晾干。

2. 将精盐和火硝拌匀，在鸭身外均匀地擦一遍，再在鸭嘴、宰杀开口处和腹腔内各塞入5克。将鸭头扭向胸前夹入右腋下，平整地放入缸内，上面用竹架盖住，大石块压实，在0℃左右的气温下腌36小时后将鸭翻身（如大量腌制，应将鸭上下互换位置），再过36小时即出缸（如气温超过7℃，腌制时间可缩短12小时左右，下同），倒尽肚内的卤水。

3. 将鸭放入缸内，加入酱油（以浸没为度），再放上竹架，用石头压实。气温0℃左右浸48小时出缸。然后在鸭鼻孔内穿一根细麻绳，两头打结，再用50厘米左右长的竹片1根，弯成弧形，从腹部刀口处塞入肚内，使鸭腔向两侧撑开。然后将腌过的酱油加水50%放入锅中煮沸，撇去浮沫，将鸭放入，用手勺舀起卤水不断地淋浇鸭身，至鸭呈酱红色时捞出沥干，在日光下晒2—3天即成。

4. 食时先将酱鸭放入大盘内（不要加水），淋上酒，撒上白糖、葱、姜，上笼用旺火蒸至鸭翅上有细裂缝时即熟，倒出腹内卤水，冷却后切成块装盘。

特点：鸭子先腌后酱，肉色枣红，芳香油润，咸中带鲜，富有回味，是杭州传统风味菜肴。

节令点心：元宝糕、子孙饽饽

"小寒争吃元宝糕,腊水精制百病消。黄白两色都如意,金银万两年年高。"

江南民俗小寒吃年糕,旧时年糕有方形和元宝形之分,其中大而方的称为"方头糕",元宝形的称为"糕元宝",颜色有黄、白两种,表示黄金与白银,一般用于供奉先人或馈赠亲友;还有一种小而狭长的年糕,叫做"条头糕",用来赏赐下人。小寒时年糕一般用冬腊水制成,可存贮数月之久,后来慢慢演变为江南人爱吃的主食之一。

YUANBAOGAO

原料：糯米粉300克、黏米粉200克、熟

南瓜300克、绵白糖50克、大红袍赤豆500克、白砂糖650克、熟猪油100毫升。

制法：1. 将老南瓜洗净,去皮去籽,切块放入盘内,上蒸汽箱蒸酥。

2. 将糯米粉、黏米粉倒在案板上拌匀,中间扒个窝,放进熟酥南瓜,充分搅匀成团,切一半放进笼内(笼垫刷上油),蒸15分钟后取出,再把两块粉团和在一起,充分揉透揉匀,至滑韧时摘成剂子,用手掌压平,每只裹入细沙馅,成长段形,两边封紧,翻身封口朝下,两头用手掌压平,底部四角捏薄,用蛋液粘紧,成元宝形即成。

3. 把全部做好的元宝生坯排入蒸笼内,上蒸汽蒸7分钟,晾凉出笼。

特点：形如元宝,色泽金黄,外糯里软,美味可口。

子孙饽饽
ZISUNBOBO

原料：面粉250克、猪油140毫升、猪肉丁50克、虾仁50克、松仁15克、京葱50克、姜末10克、豆瓣酱50克。

制法：1. 面粉150克加清水和成面团，稍饧；面粉100克加油40毫升和成干油酥。

2. 炒锅内放油，投入豆瓣酱、京葱丁、猪油丁、虾仁煸炒，加入松仁，起锅成馅。

3. 面团搓条摘剂，包入干油酥，制成薄饼，形成生坯。

4. 烤箱升温180℃，放入生坯，烤至焦黄色即可。食用时，中间裹入馅心。

特点：外脆里酥，酱香咸鲜。

饮食养生

　　"天寒地冻,防寒补冬。"针对小寒时节天气寒冷，在日常饮食中可多食用一些温热食物以补益身体，抵御寒冷气候对人体的侵袭。在我国有每年农历腊月初八喝腊八粥的习俗。腊八恰逢小寒时节，腊八粥以谷类、豆类、干果类为主，含有丰富的膳食纤维和碳水化合物，既能很好地提供热量，又能帮助胃肠消化，尤其适宜年老体弱或病愈后脾胃虚弱者食用。在天气严寒的时候吃一餐内容如此丰富的热粥，既能刺激食欲，又可以增加机体热量，起到暖胃消寒的作用。

24

大寒到，火锅羊肉俏

大寒篇

大寒：1月20~21日 鸡始乳、鸷鸟厉疾、水泽腹坚

　　大寒是二十四节气的最后一个节气，母鸡开始孵化小鸡；鹰隼之类的征鸟，正处于捕食能力极强的状态中，整天盘旋空中寻找食物，以补充能量、抵御严寒；在一年的最后5天内，河流覆盖着坚冰。此时天气虽然寒冷，但隐隐中已可感受到大地回春的迹象。人们开始忙着准备年货、除旧迎新，"爆竹声中一岁除，春风送暖入屠苏"。

 节令菜肴：**四生火锅、全家福、炒二冬、八宝菜**

　　大寒意味着冬天即将过去，春天即将来临。这时我们的身体既要抵御严寒，又要蓄存能量，为即将到来的春天做准备。人们有在大寒时吃火锅、红焖羊肉的传统，俗话说"大寒到，火锅羊肉俏"，在吃火锅时宜多加一些辛辣味的调料，有增加食欲、驱寒抗冻的功效。我们特推出四生火锅作为当令主打菜肴。除火锅外，热乎乎的砂锅全家福也是人们喜爱的冬令菜肴。吃腻了大鱼大肉，鲜嫩爽口的炒二冬和八宝菜就成了大寒时节不可或缺的选择了。

四生火锅
SISHENGHUOGUO

原料： 鸡胸脯肉100克，肥牛肉100克，净河虾仁100克，净猪腰100克，净菠菜150克，净白菜丝150克，冬笋片150克，净金针菇90克，雪菜50克，油条2根，油炸粉丝50克，精盐3克，味精2克，绍酒20毫升，葱丝10克，姜汁水5毫升，清汤1000毫升，熟猪油25毫升，辣酱油、虾油卤、芝麻酱、香菜末、胡椒粉适量。

制法： 1. 将鸡胸脯、牛肉、猪腰分别批成薄片，整齐地排放在3只圆盘中。河虾仁放入另一只圆盘内，摊平。

2. 将白菜丝、菠菜、油条(切成斜块，用油炸过)、油炸粉丝、金针菇分别装入盘内。

3. 炒锅洗净，置旺火上，放清汤1000毫升，加入冬笋片、雪菜、精盐，烧沸后撇去浮沫，加味精、猪油，倒入火锅。

4. 将"四生盘"分别淋上绍酒、姜汁水,撒上葱丝,连同四色蔬菜盘和火锅一起上桌。随即把酒精加入火锅底座盅内,点燃火。汤沸后,随意选用"四生"和四色蔬菜入水氽食。随带辣酱油、虾油卤、芝麻酱、香菜末、胡椒粉等小料,并备带添汤。

特点:现烧现吃,饶有风味,其味鲜嫩,营养丰富,是冬令时菜。

全　家　福
QUANJIAFU

原料：熟鸡肉50克、鲜河虾50克、肉圆90克、鱼圆90克、杏鲍菇80克、水发肉皮100克、水发粉丝100克、大白菜250克、熟火腿片15克、熟猪肚50克、蛋饺80克、清汤适量、绍酒5毫升、精盐7克、熟猪油25毫升、味精5克。

制法：1. 将河虾剪须洗净，鸡、肚、杏鲍菇均切成片，分别排齐。

2. 大白菜切成6.5厘米长、2厘米宽的段，用沸水汆熟，沥干水。粉丝切成长段。肉皮切成与大白菜同样大小的段，洗净漂清。

3. 取大砂锅1只，放入大白菜，铺上粉丝、肉皮，把鸡、肚、蛋饺、杏鲍菇片、肉圆、河虾分别按色彩整齐地排放在肉皮上面，鱼圆居中结顶，盖上火腿片，加绍酒、精盐、味精、清汤、猪油，置小火上炖，沸滚透后离火，用盘衬托上桌。

特点：用料多种，原汁原味，鲜美可口，保暖性好，是冬令时菜之一。

炒二冬
CHAOERDONG

原料： 水发冬菇75克、生净冬笋肉200克、素汁汤100毫升、味精2克、酱油10毫升、湿淀粉15毫升、白糖5克、芝麻油15毫升、精盐1.5克、菜油25毫升。

制法： 1. 选用大小均匀、直径约3厘米的优质冬菇，去蒂洗净。笋肉切成长3.5厘米、宽1.5厘米、厚0.3厘米的骨牌块。

2. 炒锅置旺火上烧热，用油滑锅后，下菜油，将笋块入锅稍炒，即放入素汁汤和冬菇，煮2分钟，加酱油、精盐、白糖，再煮约半分钟，加入味精，用湿淀粉调稀勾成薄芡，转锅，淋上芝麻油，起锅装盘(冬菇面朝上)即成。

特点： 原料黑白分明，冬笋鲜嫩爽脆，冬菇香鲜柔糯。

二冬在改刀时需保持整体形状的大小均匀，这样才能成熟一致。

八宝菜
BABAOCAI

原料： 黄豆芽300克、黑木耳50克、油豆腐30克、冬腌菜60克、冬笋50克、胡萝卜20克、青椒15克、绍酒5毫升、菜油80毫升、盐5克、麻油2毫升。

制法： 1. 黄豆芽取净，黑木耳、油豆腐、冬腌菜、冬笋、胡萝卜、青椒分别切成丝。

2. 炒锅置旺火上，加入菜油，待油温升至200℃时，依次下入黄豆芽、黑木耳、冬腌菜、冬笋、胡萝卜，旺火快速煸炒至香，加入绍酒、盐、清水，略滚，再投入油豆腐、青椒丝，翻炒均匀，淋入芝麻油即成。

特点： 清鲜脆美，色泽丰富，口味多样。

 节令点心：腊八饭、寿桃

　　大寒前后就是传统佳节腊八节。相传腊月初八那天,佛祖释迦牟尼在进食用野果熬成的粥后,坐在菩提树下冥想成佛。为纪念佛祖成道,自宋代起,每到腊月初八这天,寺庙都要举办浴佛会,并送"七宝五味粥"给信徒,据说吃了能得到佛祖的保佑,以后延伸为"腊八粥"有避邪祛寒之意,这个习俗一直延续到今天。"腊八饭胜腊八粥,主副两便喜眉头。阖家欢乐应时节,八宝齐全好生活。"

腊 八 饭
LABAFAN

原料：糯米900克、精制细沙300克、桂圆肉50克、蜜枣75克、熟猪油250毫升、熟松仁25克、青梅50克、莲子100克、葡萄干75克、白砂糖750克。

制法：1. 将糯米淘洗净,浸涨,上笼用蒸汽蒸熟(约1小时),出笼加入白糖、熟猪油150毫升,拌至均匀。

2. 莲子洗净,加清水蒸熟,瓣成两瓣。桂圆肉蒸10分钟,松子用色拉油微炸一下,蜜枣切成丝。

3. 取碗10只,每只碗壁涂上熟猪油10毫升,切好的蜜枣排摆在碗中间,外围一圈莲子、葡萄干、桂圆肉、青梅。

4. 铺上一层糯米饭(65克)夹入一层豆沙(30克),再盖上一层糯米饭(65克),然后上笼蒸约1小时,取出扣在盘内,撒上少许桂花干即成。

特点：绵糯油润,色彩鲜艳。

寿　桃
SHOUTAO

原料：糯米粉200克、粳米粉800克、绵白糖300克、沸水600毫升、苋菜250克、菠菜250克。

制法：1. 苋菜、菠菜洗净，分别放入榨汁机榨成汁，成红、绿两种蔬菜汁。

2. 取粳米粉600克，分别以两种蔬菜汁和成不同的硬面团，绿色的做成桃叶，红色的搓成小圆子放入蒸笼内蒸熟。

3. 取两种粉盛入盆内，糖加入沸水溶化，倒入粉内，搅拌均匀，放入蒸笼内，上蒸汽蒸约30分钟，蒸熟的粉倒在案板上，揉成光滑粉团，盖上湿布。

4. 案板上抹上食用油脂，再把熟粉团揉和一次，搓条摘剂，每个剂子按扁，中间放一颗红色圆子，右手用大拇指和食指捏扁，再放入豆沙，收口捏紧，做成桃形，中间印一条桃纹，上面做成桃尖，桃下部装上桃叶即可。

特点：形象逼真，甜糯柔软。

 ## 饮食养生

"防风御寒，补气养脾。"大寒时，我们宜多吃一些辛辣味的食物，如辣椒、生姜、胡椒等，有增加食欲、促进血液循环、驱寒抗冻的作用；还可多吃些红色食物，如红枣、枸杞等，这类食物都有非常好的驱寒解乏作用。大枣生姜汤在严冬时可治手脚冰凉，使全身的血液循环得到良好改善。

附 录

二十四节气的来历

二十四节气起源于黄河流域。远在春秋时代，就定出仲春、仲夏、仲秋和仲冬4个节气。以后不断地改进与完善，到秦汉时期，二十四节气已完全确立。公元前104年，由邓平等制定的《太初历》，正式把二十四节气订于历法，明确了二十四节气的天文位置。

二十四节气名称首见于《淮南子·天文训》，《史记·太史公自序》的"论六家要旨"中也有提到阴阳、四时、八位、十二度、二十四节气等概念。汉武帝时，邓平、落下闳将节气编入《太初历》之中，并规定无中气之月，定为上月的闰月。

太阳从黄经0度起，沿黄经每运行15度所经历的时日为一个节气。每年运行360度，共经历24个节气，每个节气又以5日相隔，分解为3个物候，全年加起来共有72个物候。其中，每月第一个节气为"节气"，即：立春、惊蛰、清明、立夏、芒种、小暑、立秋、白露、寒露、立冬、大雪和小寒；每月第二个节气为"中气"，即：雨水、春分、谷雨、小满、夏至、大暑、处暑、秋分、霜降、小雪、冬至和大寒。"节气"和"中气"交替出现，各历时15天。现在人们已经把"节气"和"中气"统称为"节气"。

二十四节气反映了太阳的周年视运动，所以节气在现行的公历中日期基本固定，上半年约在6日、21日，下半年约在8日、23日，前后相差不到一两天。

随着中国历法的外传，二十四节气已流传到世界许多地方。为了便于记忆，人们编出了二十四节气歌诀。

《二十四节气歌》：

春雨惊春清谷天，夏满芒夏暑相连，

秋处露秋寒霜降，冬雪雪冬小大寒。

《二十四节气七言诗》：

地球绕着太阳转，绕完一圈是一年。

一年分成十二月，二十四节紧相连。

按照公历来推算，每月两气不改变。

上半年是六、廿一，下半年逢八、廿三。

这些就是交节日，有差不过一两天。

二十四节有先后，下列口诀记心间：

一月小寒接大寒，二月立春雨水连；

惊蛰春分在三月，清明谷雨四月天；

五月立夏和小满，六月芒种夏至连；

七月大暑和小暑，立秋处暑八月间；

九月白露接秋分，寒露霜降十月全；

立冬小雪十一月，大雪冬至迎新年。

二十四节气表

季　节		节　气	节气概况
春	孟春	立春	2月3—5日，太阳到达黄经315°，三候：东风解冻、蛰虫始振、鱼上冰
		雨水	2月18—20日，太阳到达黄经330°，三候：獭祭鱼、鸿雁来、草木萌动
	仲春	惊蛰	3月5—7日，太阳到达黄经345°，三候：桃始华、仓庚鸣、鹰化为鸠
		春分	3月20—21日，太阳到达黄经0°，三候：玄鸟至、雷乃发声、始电
	季春	清明	4月4—6日，太阳到达黄经15°，三候：桐始华、鼠化为鴽、虹始见
		谷雨	4月19—21日，太阳到达黄经30°，三候：萍始生、鸣鸠拂其羽、戴胜降于桑

续　表

季　节		节　气	节气概况
夏	孟夏	立夏	5月5—7日，太阳到达黄经45°，三候：蝼蝈鸣、蚯蚓出、王瓜生
		小满	5月20—22日，太阳到达黄经60°，三候：苦菜秀、靡草死、小暑至
	仲夏	芒种	6月5—7日，太阳到达黄经75°，三候：螳螂生、䴗始鸣、反舌无声
		夏至	6月21—22日，太阳到达黄经90°，三候：鹿角解、蜩始鸣、半夏生
	季夏	小暑	7月6—8日，太阳到达黄经105°，三候：温风至、蟋蟀居辟、鹰乃学习
		大暑	7月22—24日，太阳到达黄经120°，三候：腐草化为萤、土润溽暑、大雨时行
秋	孟秋	立秋	8月7—9日，太阳到达黄经135°，三候：凉风至、白露降、寒蝉鸣
		处暑	8月22—24，太阳到达黄经150°，三候：鹰乃祭鸟、天地始肃、禾乃登
	仲秋	白露	9月7—9日，太阳到达黄经165°，三候：鸿雁来、玄鸟归、群鸟养羞
		秋分	9月22—24日，太阳到达黄经180°，三候：雷始收声、蛰虫培户、水始涸
	季秋	寒露	10月8—9日，太阳到达黄经195°，三候：鸿雁来宾、雀攻大水为蛤、菊有黄花
		霜降	10月23—24日，太阳到达黄经210°，三候：豺乃祭兽、草木黄落、蛰虫咸俯
冬	孟冬	立冬	11月7—8日，太阳到达黄经225°，三候：水始冰、地始冻、雉入大水为蜃
		小雪	11月22—23日，太阳到达黄经240°，三候：虹藏不见、天气上腾地气下降、闭塞而成冬
	仲冬	大雪	12月6—8日，太阳到达黄经255°，三候：鹖旦不鸣、虎始交、荔挺生
		冬至	12月21—23日，太阳到达黄经270°，三候：蚯蚓结、麋角解、水泉动
	季冬	小寒	1月5—7日，太阳到达黄经285°，三候：雁北向、鹊始巢、雉始雊
		大寒	1月20—21日，太阳到达黄经300°，三候：鸡始乳、鸷鸟厉疾、水泽腹坚

二十四节令杭帮菜主要食材表

节　令	当　令　食　材
立春	水芹、芹菜
雨水	韭芽、菠菜
惊蛰	韭菜、步鱼、刀鱼、花菜
春分	春笋、马兰头、鳜鱼、龙井茶
清明	蒿菜、螺蛳、鲥鱼、芦笋、春芽、荠菜
谷雨	莴笋、豌豆、樱桃、苋菜、象牙笋、南瓜藤
立夏	蚕豆、枇杷、莼菜、尖椒、青菱、子笋
小满	小土豆、梅子、茄子、笋干、番茄
芒种	茭白、青南瓜、桑葚、丝瓜、子姜
夏至	黄瓜、六月黄、嫩花生、百合、杨梅
小暑	鞭笋、冬瓜、葫芦、五香毛豆、西瓜、李子、黄鳝
大暑	莲子、葡萄、慈菇、玉米、麻鸭
立秋	菜瓜、藕、水蜜桃、老南瓜
处暑	黄金瓜、小白菜、刀豆
白露	山核桃、长豇豆、南湖菱
秋分	栗子、湖蟹(雌蟹)
寒露	白果、蜜橘、湖蟹(雄蟹)
霜降	马蹄、甘蔗、鲈鱼、番薯、毛芋艿、山楂
立冬	萝卜、青大蒜、包心菜
小雪	冬腌菜、南肉、雪里蕻
大雪	冬笋、湖羊
冬至	黄芽菜、带鱼、狗肉
小寒	油冬儿菜、酱鸭
大寒	腌鸡、鱼干、胡萝卜

杭州传统岁时节令食品

上元节

农历正月十五日,又称"元宵节"。有吃汤圆、闹花灯、舞龙灯、划旱船、走百病等习俗,杭州民间传正月十五为上元天官赐福之辰,多斋素诵经,至吴山礼拜。

汤 圆

原料:水磨糯米粉100克、白糖80克、猪板油30克、黑芝麻90克、糖桂花少许。(制12只)

制法:1.黑芝麻洗净,倒入锅中,先用旺火炒干,然后用小火缓炒至熟,冷却后碾成粉,用筛筛细(约取80克)。

2. 将猪板油剔去筋膜,斩成细茸,放入碗中,加入白糖、芝麻粉,拌匀擦透,搓成馅心12个。

3. 将糯米粉加入温水揉透,做成12个剂子,每个剂子捏成酒盅形,裹入馅心15克,收口,搓圆成汤团。

4. 锅置中火上,加水至八成满,待水沸后放入汤团,用勺轻轻推动,以免粘底。待汤沸起,分次掺入少量冷水或调小火力,以免汤团皮破漏馅和外熟里不熟。约煮8分钟,至汤团浮起、馅心完全熟透,起锅装碗。碗内加些汤水,撒上糖桂花即成。

特点:此点皮薄馅多,滑糯香甜。

荠菜面疙瘩

原料：面粉500克，糯米粉75克，生粉100克，鸡蛋清2个，鸡汤、盐、料酒、味精、胡椒粉适量。

制法：1. 将荠菜洗净沥干，切碎待用。

2. 将面粉、糯米粉、生粉、鸡蛋清、盐5克加入清水搅拌，再加入荠菜末搅拌均匀。

3. 火上置锅，加入清水，水开后用小竹片沿碗边将面糊割出小长条入锅，煮熟后捞出，用冷水过凉待用。

4. 锅内加鸡汤烧开，投入面疙瘩、料酒、味精、胡椒粉，煮开后起锅装盘即可。

特点：色泽翠绿，入口清香，爽滑。

七蔬羹

原料：韭菜20克、娃娃菜50克、菠菜25克、芹菜25克、荠菜25克、芥菜25克、青蒜10克、鸡汤750毫升、高精面粉500克、水280毫升、白萝卜500克、小葱75克、盐30克、味精50克、胡椒粉10克、麻油10毫升。

制法：1. 把娃娃菜、芥菜切成指甲片；菠菜、荠菜、韭菜、芹菜、青蒜切成长1厘米的段。

2. 将娃娃菜、荠菜、芥菜、菠菜焯水备用。

3. 锅洗净，倒入鸡汤，加盐、味精、胡椒粉

调味,放入七种蔬菜勾芡,出锅后再配上夹饼即可。

4. 用高精面粉、水、盐和成面团;白萝卜切成丝,加小葱花调味,做成馅心,然后包成饼,在火上烙熟即可。

花朝节

农历二月十五日。取百花盛开之意而得名。这天,农村家家用糯谷爆禾泡茶,以示丰登大熟之意。妇女围坐食擂茶,女孩子要在这天穿耳环孔。择此日结婚的也很多,取花好月圆、良辰美景为吉庆。晚上烧花灯(头年结婚的新妇,由娘家和内亲送来观音送子灯和麒麟灯,要在这天晚上烧掉麒麟灯,而观音送子灯则待新妇生子后的次年花朝节晚上烧掉)。

玫瑰虾仁糕

原料:糯米粉200克、黏米粉300克、清水250毫升、盐10克、虾仁100克、干玫瑰花5克、鸡蛋清1个、生粉10克、油500毫升。

制法:1. 虾仁挤干水分,加入盐(5克)、鸡蛋清、生粉,搅拌上劲后待用。

2. 锅烧热加油,至油温130℃左右,放入虾仁,划开后捞起待用。

3. 糯米粉、黏米粉拌在一起,放入清水、盐(5克),拌匀至颗粒状。

4. 将虾仁、干玫瑰花放入木制模具内,撒上拌好的粉粒,刮平,倒扣在木板上,上笼蒸30分钟即可。

特点:色泽美观,口感松软、香鲜。

茉莉鸡肉卷

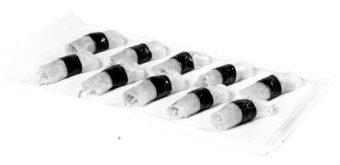

原料:芹菜150克、鸡脯肉100克、新鲜茉莉花50克、澄粉125克、生粉20克、清水12毫升、盐10克、油60毫升、味精20克、紫菜5克。

制法:1. 芹菜、鸡脯肉切丝,下油锅炒熟,加盐、味精待用。

2. 锅内放清水烧开,下澄粉、生粉,搅拌后离火放案板上,加盐、油揉至光滑待用。

3. 把新鲜茉莉花放入开水中过一下捞出。

4. 面团下剂,拍皮后放入芹菜鸡丝、茉莉花卷起,中间用紫菜作带成生坯,上笼蒸熟。

特点:口味独特,咸鲜爽口,营养丰富。

清明节

古以寒食后第二天(一说第三天)为清明节,今以日历所定节气日为准。是日家家户户都进行扫墓祭祖。旧时,以族或房支办酒筵,男丁参加宴会,名为祭祖食"清酒"。女人头戴扁柏或桃、柳枝,俗有"清明不戴柳,红颜成皓首"一说。

青 团 (文字见第42页"青白团子")

白　肉

原料：五花肉250克、酱油15毫升、小葱5克、姜5克、黄酒5毫升、蒜泥10克、麻油5毫升。

制法：1. 五花肉加葱、姜、黄酒、水烧至断生，然后切片装盘。

2. 撒上蒜泥，淋上酱油、麻油即可。

芝麻豆苗糯米饼

原料：糯米粉200克、豌豆苗100克、麻油30毫升、黏米粉60克、盐5克、猪油50毫升、白芝麻50克、味精20克。

制法：1. 豌豆苗洗净，剁碎待用。

2. 糯米粉、黏米粉、豌豆苗、盐、味精、麻油加入清水揉合均匀，搓条摘坯，揉成小圆球，挤压成圆饼，一面粘上芝麻成生坯。

3. 平底锅烧热，放入猪油，将生坯煎至两面金黄即可。

特点：色泽金黄，香脆可口。

立夏节

杭俗立夏日食乌米饭和乌饭糕。乌米饭取乌饭树叶子挤汁浸糯米，蒸煮而成。据说，立夏吃乌米饭，不会疰夏，能祛风败毒，乌蚊子不敢叮咬。杭人又有立夏食"野夏饭"之俗，这一日，儿童少年成群结队，向邻里各家乞取米、肉，菜地里蚕豆、竹笋任其采掘，然后到野地里，用石头支起锅灶，自烧自吃，称为吃"野夏饭"或"立夏饭"。吃完立夏饭，大人拿来箩筐、大秤,给孩子们称体重,看比去年重了多少。这日杭人还必备12种食品,有歌曰:"夏饼江鱼乌饭糕,酸梅蚕豆与樱桃,腊肉烧鹅咸鸭蛋,螺蛳苋菜酒酿糟。"

乌饭糕 （文字见第58页"阿弥糕"）

野夏饭

原料:大米250克、咸肉丁50克、笋丁50克、鲜豆瓣100克、盐2克、味精10克、猪油50毫升。

制法:1. 大米淘洗干净,加入清水、咸肉丁、笋丁、鲜豆瓣、盐、味精、猪油,拌均匀。

2. 置中火上烧开后,以小火焖熟即可。

特点:鲜香可口,为立夏节佳点。

端午节

农历五月初五日,俗称"五月节",又称"端阳"、"重午"。食粽子、麦糍(又叫"煎鱼"),喝雄黄酒,家家门窗上挂着葛藤捆卷的菖蒲、艾枝。城乡有龙舟竞赛,各龙舟队在

节前要逐家发送糖、肉包子、粽子。

粽　子 (文字见第73页"小角黍")

绿豆糕

原料：绿豆粉500克、蜂蜜150毫升、糖100克、细沙250克、油50毫升。

制法：1. 绿豆粉加入蜂蜜、油、糖糅合成团。

2. 搓条下剂，包入细沙，放入小模具压成形。

3. 上笼蒸熟即可。

特点：风味独特，口感细腻。

中元节

农历七月十五日，又称"鬼节"、"七月半"。是祭祀祖先的节日。农历七月十二日，备办茶酒、香烛供奉祖宗，名叫"接太公太婆回堂"。节日，将纸钱、金银锭装于大纸包内，纸包上写明"某祖受用、某寄"字样，并祭以鸭血，入夜整包焚烧，俗称"烧包"。

莲藕酥

原料：低筋粉700克、黄油130克、水180毫升、鸡蛋21只、椰浆1瓶、炼乳1瓶、三花淡奶1瓶、奶粉150克、鹰粟粉150克、白糖350克、吉士粉100克、起酥油100毫升。

制法：1. 用低筋粉(500克)、黄油、水、鸡蛋(1只)和成面团。

2. 用鸡蛋(20只)、椰浆、炼乳、三花淡奶、奶粉、鹰粟粉、白糖、吉士粉调成糊,用网丝过滤后蒸45分钟,用搅拌机搅匀,做成馅心。

3. 用低筋粉(200克)、起酥油和成油心。

4. 用同样大小的面皮包入油心,擀成长方形,折3折,然后两个对折,再横着切5条,再叠一个,包入馅心,捏成莲藕状,两头用海苔丝绑起来,放入180℃的油里炸成金黄色。

特点：形态逼真,口感酥松。

芸豆卷

原料：芸豆200克、白芝麻粉100克、白糖100克。

制法：1. 将白芝麻炒熟,磨成粉,加白糖拌匀,做成馅心备用。

2. 芸豆涨发后把皮去掉,放蒸箱里蒸熟,然后用网丝过滤。再取一块口布,铺平,把芸豆泥铺在上面,将口布对折,用擀面杖擀平,再撒上馅心,卷起来,切成3厘米的段即可。

特点：口感香甜、酥软。

中秋节

农历八月十五日,最尚月饼,民俗多以饼相赠。夜晚,中老年盛行赏月,青少年有摸青(窃少许蔬菜瓜果)习俗,妇女们有"接月光"之俗。

月 饼 (文字见第122页"中秋月饼")

青瓜酥

原料:高筋粉65克、低筋粉260克、猪油30毫升、菠菜汁60毫升、黄瓜1000克、白糖100克、枧水5毫升、起酥油100毫升。

制法:1. 用高筋粉、低筋粉(60克)、猪油、菠菜汁和成面团。

2. 用低筋粉(200克)、起酥油和成油心。

3. 将黄瓜用绞肉机绞碎,把水分去掉,加白糖、枧水,在锅里熬20分钟,成馅心。

4. 取同样大小的面皮包入油心,擀成长方形,对折再对折,擀长卷起,切成直径1厘米的圆

片,擀成草帽状,包入馅心,捏花边,放入180℃的油温里炸2分钟即可。

特点:色彩鲜艳,口味独特。

重阳节

农历九月初九日,又称"重九"。有登高、饮茱萸菊花酒之俗。至今,吃油炸芋包、薯包的习俗仍旧盛行。

炸芋球

原料:面粉250克、油25毫升、水250毫升、鸡蛋375克、芋头500克、糖100克、油锅用油1000毫升。

制法:1. 水烧开,加油、面粉,烫熟拌匀,摊凉后加鸡蛋揉透。

2. 芋头蒸熟,去皮后切丁,拌入面团内,捏成球状,下油锅炸至微黄色,捞起装盘。

特点:外脆里软,口感酥香。

紫薯糕

原料:紫薯500克、糯米粉100克、白糖100克、油100毫升。

制法:1. 将紫薯去皮,蒸熟后用网丝过滤成紫薯泥。

2. 将紫薯泥加入糯米粉、白糖、油揉匀,制成糕形生坯。

3. 将生坯上笼蒸熟,取出改刀装盘。

特点:色泽美观,口味糯酥。